湖南省生态环境干部培训系列教材

碳达峰碳中和

理论与实践

 主编　毛永宁　朱鸿毅　邓武军　宋冰冰　肖瑶

TANDAFENG
TANZHONGHE
LILUN YU SHIJIAN

中南大学出版社
www.csupress.com.cn
·长沙·

图书在版编目(CIP)数据

碳达峰碳中和理论与实践 / 毛永宁等主编. —长沙：中南大学出版社，2023.12

ISBN 978-7-5487-5583-8

Ⅰ. ①碳… Ⅱ. ①毛… Ⅲ. ①二氧化碳－排气－理论研究－中国 Ⅳ. ①X511

中国国家版本馆 CIP 数据核字(2023)第 193560 号

碳达峰碳中和理论与实践
TANDAFENG TANZHONGHE LILUN YU SHIJIAN

毛永宁　朱鸿毅　邓武军　宋冰冰　肖瑶　主编

□出 版 人	林绵优	
□责任编辑	潘庆琳	
□责任印制	唐 曦	
□出版发行	中南大学出版社	
	社址：长沙市麓山南路	邮编：410083
	发行科电话：0731-88876770	传真：0731-88710482
□印　　装	长沙雅鑫印务有限公司	

□开　　本	710 mm×1000 mm 1/16	□印张 13.5	□字数 234 千字	
□版　　次	2023 年 12 月第 1 版	□印次 2023 年 12 月第 1 次印刷		
□书　　号	ISBN 978-7-5487-5583-8			
□定　　价	58.00 元			

编委会

◇ **主 编**

毛永宁　朱鸿毅　邓武军

宋冰冰　肖　瑶

◇ **副主编**

陈　旺　何　松　徐爱祥

唐艺芳　龙　鹏　黄寿元

陈　娇

◇ **参 编**（按姓氏拼音排序）

李　青　颜榆彬　邹　扬

前　言

气候变化是全人类面临的严峻挑战。工业革命以来的人类活动，特别是发达国家大量消耗化石能源产生的二氧化碳排放，导致大气中温室气体浓度显著增加，加剧了全球气候变化，给全球生态系统安全及发展中国家经济社会发展带来巨大威胁。人与自然是生命共同体，应对气候变化是人类共同的事业，需要国际社会坚持多边主义，持续推动绿色低碳发展，共同构建人类命运共同体。在《巴黎协定》的推动下，全球应对气候变化的行动已取得长足的进步，根据世界资源研究所的研究及各国承诺，到 2020 年全球已有 53 个国家实现"碳达峰"，到 2030 年全球将有 58 个国家实现"碳达峰"，占全球排放总量的 2/3。当前，全球有一百多个国家设定了碳中和目标。

2020 年 9 月 22 日，习近平总书记在第 75 届联合国大会一般性辩论上就曾庄严宣告："2030 年前达到峰值""2060 年前实现碳中和"，提出了中国作为负责任大国应对全球气候变化的"30·60"目标。"碳达峰"和"碳中和"发展目标顺应我国可持续发展的内在要求，有利于构建绿色低碳可持续的循环经济，助推绿色生产方式和生活方式，实现社会高质量发展。"碳中和"目标的倒逼，给各行业绿色低碳发展带来了压力与机遇，未来在低碳领域将提供众多就业机会和新的经济增长点，助力我国经济保持稳健增长。据有关机构预测，实现"碳中和"目标将带来超过百万亿元投资规模及超过 4000 万个工作岗位。可以预见，"碳中和"将引领生产方式革新，进而深度改变我们的生活消费模式。

那么，"双碳"背景内涵是什么？国内外制定了哪些政策、采取了什么行动？"双碳"具体有哪些实现路径？我们在实际工作中如何具体开展"双碳"工作？为了解答这些问题，湖南人文科技学院毛永宁、陈旺、何松，湖南工业大学徐爱祥，湖南科技大学唐艺芳，湖南机电职业技术学院肖瑶，桂林航天工业学院龙鹏，湖南建工集团工程设计研究院有限公司黄寿元，长沙环境保护职业技术学院朱鸿毅，湖南省生态环境监测中心宋冰冰，湖南省国际工程咨询集团有限公司邓武军，湖南工业职业技术学院陈娇等相关能源行业高校教师、企业高工参与了本书编写，浏阳市住房和城乡建设局李青为部分章节内容提供了专业的指导，湖南人文科技学院学生颜榆彬、邹扬绘制了本书部分图片，在此深表感谢。本书通过概念解释、政策阐述、路径探析及典型案例分析对"双碳"工作进行了系统介绍，希望本书能够为政府、企业及"双碳"行业工作者提供有益的参考和借鉴。本书虽倾注了编写人员大量心血，但由于研究水平不足和成书时间仓促，难免有错漏，望大家不吝赐教、批评指正。

　　"双碳"目标是党中央经过深思熟虑作出的重大战略决策，事关中华民族永续发展和人类命运共同体构建，这需要全社会共同努力，尤其是节能减排领域工作者应发挥引领作用。让我们一起为实现"双碳"目标而持续奋斗。

毛永宁

2023 年 7 月 28 日

目 录

第一篇　背景内涵

第1章　气候变化与碳排放 ………………………………… 3

1.1　气候变化的概念 　　　　　　　　　　　　　　　 3

1.2　碳排放与气候变化的关系 　　　　　　　　　　　 4

1.3　气候变化的影响 　　　　　　　　　　　　　　　 5

1.4　气候变化的全球应对 　　　　　　　　　　　　　 8

第2章　中国能源消费与碳排放现状 ……………………… 13

2.1　中国能源生产、消费结构 　　　　　　　　　　　 13

2.2　中国能源消费特点 　　　　　　　　　　　　　　 16

2.3　中国碳排放现状 　　　　　　　　　　　　　　　 19

2.4　中国"30·60"实现路径 　　　　　　　　　　　 24

第3章　碳达峰碳中和概念 ………………………………… 27

3.1　什么是碳达峰碳中和 　　　　　　　　　　　　　 27

3.2 为什么要碳达峰碳中和   28

3.3 如何实现碳达峰碳中和   29

3.4 实现碳达峰碳中和面临的问题   31

第4章 中国碳达峰碳中和的意义   35

4.1 改善历史遗留问题的意义   36

4.2 社会发展的意义   36

4.3 能源安全与生态环保的意义   38

第二篇 政策行动

第5章 国外政策   45

5.1 欧盟政策   46

5.2 英国政策   49

5.3 美国政策   50

5.4 澳大利亚政策   50

5.5 日本政策   51

5.6 其他国家政策   52

第6章 国内政策   56

6.1 国内已出台的相关法规政策   56

6.2 重点行业推进碳达峰碳中和的行动   68

6.3 重点企业有关碳达峰碳中和的实施计划   68

第7章 全球主要经济体碳达峰碳中和行动   70

7.1 目标体系   70

7.2　关键领域减排举措 73

7.3　技术措施 75

7.4　市场激励措施 77

7.5　主要经济体碳中和政策措施的特点 79

第三篇　实现路径

第8章　低碳能源技术 83

8.1　太阳能及其利用 83

8.2　地热能及其利用 92

8.3　生物质能及其利用 100

8.4　风能及其应用 108

8.5　水能及其利用 119

第9章　低碳生活方式 126

9.1　低碳居家生活 126

9.2　低碳交通 128

9.3　低碳饮食 129

9.4　低碳社区 131

第10章　碳排放权交易 134

10.1　碳交易的产生及发展 134

10.2　碳交易体系的基本概念、原理及核心要素 139

10.3　中国特色碳交易的制度及进展 150

第11章　碳捕集、利用与封存 157

11.1　CO_2捕集技术 158

11.2 CO_2 利用技术   162

11.3 CO_2 封存技术   164

第四篇 典型案例

第 12 章 低碳园区建设——以贵阳国家高新区为例 …………………… 169

12.1 国家高新区绿色低碳发展政策   170

12.2 贵阳国家高新区低碳发展规划   171

12.3 低碳园区发展建议   176

第 13 章 绿色建筑助力"双碳"发展——以新桂国际办公楼为例 …… 178

13.1 绿色建筑设计内容   179

13.2 项目实施节能效果   195

13.3 经验总结与启示   197

第 14 章 "双碳"背景下的节能诊断研究——以某热电企业为例 …… 200

14.1 诊断内容   201

14.2 能耗诊断   202

14.3 诊断分析   204

14.4 节能诊断结论   206

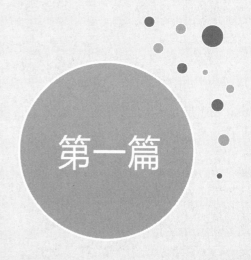

第一篇

背景内涵

第1章

气候变化与碳排放

1.1　气候变化的概念

　　气候是由地球的多个圈层共同影响的，即受大气圈、岩石圈、水圈、冰冻圈、生物圈等的相互作用。气候变化是指气候平均值和气候离差值出现了统计意义上的显著变化，如平均气温、平均降水量、最高气温、最低气温，以及极端天气事件等的变化。人们常说的全球变暖就是气候变化的重要表现之一。《联合国气候变化框架公约》将"气候变化"定义为："经过相当一段时间的观察，在自然气候变化之外由人类活动直接或间接地改变全球大气组成所导致的气候改变。"这就将因人类活动而改变大气组成的"气候变化"与归因于自然原因的"气候变率"区分开来。

　　在地球运动的漫漫历史中，气候总在不断变化，究其原因可概括为自然的气候波动和人为因素两大类。科学研究认为，太阳辐射的变化、地球轨道的变化、火山活动、大气与海洋环流的变化等是造成全球气候变化的自然因素。而人类活动，特别是工业革命以来的人类活动是造成目前以全球变暖为主要特征的气候变化的主要原因，其中包括人类生产、生活所造成的二氧化碳等温室气体的排放、对土地的利用、城市化等。

1.2 碳排放与气候变化的关系

碳排放包括化石燃料燃烧、汽车排气排放、工业生产排放、动物和人的生活排放、植物排放，是由于人类活动或者自然形成的温室气体，如水汽(H_2O)、氟利昂、二氧化碳(CO_2)、氧化亚氮(N_2O)、甲烷(CH_4)、臭氧(O_3)、氢氟碳化物、全氟碳化物、六氟化硫等的排放。碳排放是关于温室气体排放的一个总称或简称。温室气体中最主要的气体是二氧化碳，因此用"碳"(carbon)一词作为代表，将"二氧化碳排放"理解为"碳排放"。H_2O和大气中早已存在的CO_2是天然的温室气体。正是在它们的作用下，才形成了最适宜地球生物的环境温度，从而使得生命能够在地球上生存和繁衍。假如没有大气层和这些天然的温室气体，地球的表面温度将比现在低33 ℃，人类和大多数动植物将面临生存危机。温室效应如图1-1所示。

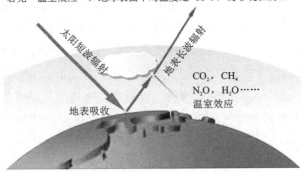

图1-1 温室效应

全球气候变暖的主要原因是人类在自身发展过程中对能源的过度使用和对自然资源的过度开发，造成大气中温室气体的浓度以极快的速度增长。政府间气候变化专门委员会(评估与气候变化相关科学的国际机构，简称IPCC)的报告显示，自工业化以来，人为温室气体排放上升，导致大气中二氧化碳、甲烷、氧化亚氮等温室气体浓度达到了过去80万年以来的最高水平。1750—2011年，人为累计二氧化碳排放达到了20400亿吨，其中近一半为近40年所排放。

"人类活动主要通过温室气体影响气候。20 世纪以来全球气候变暖一半以上由人类活动造成。"政府间气候变化专门委员会第五次评估报告将这句话的可信度从 2007 年的 90% 以上提高到了 95% 以上。世界气象组织发布的《2015—2019 年全球气候》报告证实，2015—2019 年是有记录以来最热的五年。报告称，自工业化以来，全球平均温度上升了 1.1 ℃，与 2011—2015 年相比上升了 0.2 ℃。1970 年的全球平均温度比工业化前高 0.24 ℃。20 世纪 80 年代以来，后一个十年都比前一个十年更加温暖。中国气候同样呈现出与全球一致的升温趋势，自 1951 年以来，中国地表年平均气温每十年上升 0.24 ℃。《中国气候变化蓝皮书(2019)》指出，全球变暖趋势仍在持续，中国是全球气候变化的敏感区和影响显著区。

1.3　气候变化的影响

气候变化影响各种自然和生物系统，如冰川退缩、冻土层融化、海面上升、飓风、洪水、暴风雪、干旱、森林火灾和物种灭绝，以及中高纬度地区生长季延长影响物种分布、生态系统脆弱性等。气候变化的影响是跨越国界的，它对所有的生灵，包括人类自身都构成威胁。具体来说，气候变化主要带来以下 8 个方面的影响。

1. 气温升高

随着温室气体浓度升高，全球地表温度也在上升。过去十年，即 2011—2020 年，是有史以来最温暖的 10 年。自 20 世纪 80 年代以来，后一个十年都比前一个十年更温暖。几乎所有的陆地地区都正在经历更多的炎热天气和热浪。温度升高会引发更多的高温病，让户外工作更加困难。天气越热时，野火更容易发生并会更快地蔓延。北极地区气候变暖的速度至少是全球平均水平的两倍。

2. 风暴肆虐

在许多区域，毁灭性风暴的破坏力变得更大，发生次数更频繁。随着温度的上升，更多的水分蒸发，加剧了极端的降雨和洪涝，引发更多的毁灭性风暴。热带风暴的发生频率和范围也受到了海洋变暖的影响。气旋、飓风和台风经常形成于海洋中温暖水域的表面。这样的风暴经常会摧毁房屋和社区,造成人员死亡并带来巨大的经济损失。

3. 干旱加剧

气候变化正在改变水资源的可获得性,让更多地区的水资源变得稀缺。全球变暖加剧了已缺水地区的缺水状况,还会增加农业干旱和生态干旱的风险。农业干旱会影响农作物的收成,而生态干旱将增加生态系统的脆弱性。干旱也会引发毁灭性的沙尘暴,沙尘暴可以将数十亿吨沙子带到各大洲。沙漠正在扩大,不断减少种植粮食的土地。现在许多人经常面临着无法获得足够水资源的威胁。20 世纪中叶以来,全世界 200 条主要河流中约有 1/3 的河流径流量明显减少。

4. 海洋变暖

海洋吸收了全球变暖的大部分热量。在过去的 20 年里,无论深浅,整个海洋的变暖速度都在加剧。随着海洋变暖,它的体积也在增加,因为水会随着变暖而膨胀。冰盖融化也导致海平面上升,威胁沿海和岛屿社区。此外,海洋不断吸收二氧化碳以避免其排放到大气中。但是,吸收更多的二氧化碳使海洋变得更加酸化,从而危及海洋生物和珊瑚礁。

随着全球气候变暖,不仅山地冰川和冰帽的消融进一步加剧,极地冰盖的消融也日渐增强。据联合国政府间气候变化专门委员会(IPCC)估计,21 世纪仅山地冰川和冰帽的消融,就将使海平面上升 0.01~0.23 米。值得重视的是,如果气候持续变暖,除冰川融化量增大外,冰川内部温度升高会导致冰体流动加速,甚至可使冰川解体。据研究,近 100 年里,全球平均气温上升了 0.2~0.6 ℃,全球海平面上升了 10~25 厘米。IPCC 1995 年给出的预测值:21 世纪末,全球海平面将上升 30~90 厘米,而全球海平面的上升还会造成大片海滩的损失。

5. 物种灭绝

气候变化给陆地和海洋物种的生存带来了风险。这些风险随着温度的上升而增加。气候变化加剧了物种灭绝的速度,全球物种正在灭绝的速度比人类史上任何时候都要快 1000 倍。在未来几十年内,一百万个物种有灭绝的风险。地球上大部分的濒临绝种生物(大约 25% 的哺乳类动物及 12% 的雀鸟)有可能于几十年内绝种。森林火灾、极端天气、害虫入侵和疾病等威胁都与气候变化有关，这也将影响各物种所栖息的树林、湿地及牧场，而人类发展亦阻碍了它们的迁徙。

6. 食物不足

气候变化和极端天气事件频发都是导致全球饥饿和营养不良现象增加的原因。渔业、农作物和牲畜可能会遭到破坏或产量降低。海洋酸化变得更加严重，为数十亿人提供食物的海洋资源正处于危险境地。许多北极地区冰雪层的变化已经破坏了畜牧、狩猎和捕鱼带来的食物供应链。热应力会减少放牧所需的淡水和草地，导致作物产量下降并影响牲畜。气候变化对全球粮食产量以不利影响为主。气候变化导致小麦和玉米平均每 10 年分别减产 1.9% 和 1.2%。《悉尼先驱晨报》报道，英国利兹大学的研究人员日前通过研究气候模型和粮食产量发现，从 2030 年起，全球玉米、小麦和水稻的产量将随着气候变化而开始下降，且负面影响将大大早于预期。

气候变化对我国粮食的影响，主要表现在种植结构和耕种制度改变、粮食产量波动，以及农业灾害加重等诸多方面。近 30 年来，因热量资源增加，我国南方双季稻可种植北界北移 300 千米，冬小麦种植北界北移西扩 20~200 千米，促进了作物的稳产高产；但气候变化也使小麦和玉米单产分别降低 1.27% 和 1.73%，全国耕地受旱面积增加。

7. 健康风险

气候变化是人类面临的最大健康威胁。从空气污染、疾病、极端天气事件、被迫流离失所、心理健康压力及在人们无法种植或找到足够食物的地方的饥饿和营养不良的加剧可知，气候变化已经损害了人类健康。每年，环境因素夺走约 1300 万人的生命。不断变化的天气形势会扩大疾病传播范围，极端天气事件也会增加死亡人数，这些因素使医疗系统难以随之升级。

8. 贫困和流离失所

气候变化增加了使人们陷入贫困的因素。洪水可能会冲毁城市贫民窟，摧毁家园和生计。炎热会使人们难以从事户外工作。缺水可能会影响农作物收成。在过去十年(2010—2019 年)中，平均每年约 2310 万人因天气相关的事件流离失所，许多人也因此更容易陷入贫困。大多数难民来自最脆弱且没做好准备适应气候变化影响的国家。

1.4　气候变化的全球应对

全球气候变化问题引起了国际社会的普遍关注，1972 年 6 月 16 日，联合国人类环境会议于斯德哥尔摩通过《联合国人类环境会议宣言》，简称《人类环境宣言》，提出"保护和改善人类环境是关系到全世界各国人民的幸福和经济发展的重要问题，也是全世界各国人民的迫切希望和各国政府的责任"。1979年，联合国在瑞士日内瓦举行第一次世界气候变化大会，气候变化第一次作为一个受到国际社会关注的问题提上议事日程，截至 2022 年，联合国已累计召开27 届世界气候变化大会。其中，哥本哈根气候变化大会以后，特别是《巴黎协定》签署以后，气候变化成为国际共识。

1.《联合国气候变化框架公约》

《联合国气候变化框架公约》（以下简称《公约》）（*United Nations Framework Convention on Climate Change*，UNFCCC）是 1992 年 5 月 22 日联合国政府间谈判委员会就气候变化问题达成的公约，于 1992 年 6 月 4 日在巴西里约热内卢举行的联合国环发大会（地球首脑会议）上通过。《公约》是世界上第一个为全面控制二氧化碳等温室气体排放，以应对全球气候变暖给人类经济和社会带来不利影响的国际公约，也是国际社会在对付全球气候变化问题上进行国际合作的一个基本框架。《公约》于 1994 年 3 月生效，目前共有 197 个缔约方，我国于1992 年 11 月经全国人大批准加入《公约》。《公约》确立了应对气候变化的最终目标，旨在将大气中温室气体浓度稳定在防止气候系统受到危险的人为干扰的水平上；确立了"共同但有区别的责任"、公平、各自能力和可持续发展原则等国际合作以应对气候变化的基本原则；明确发达国家应承担率先减排和向发展中国家提供资金技术支持的义务；承认发展中国家有消除贫困、发展经济的优先需要，明确了经济和社会发展及消除贫困是发展中国家首要和压倒一切的优先任务。

2.《京都议定书》

《京都议定书》全称《联合国气候变化框架公约京都议定书》，是 1997 年在日本京都召开的《公约》第三次缔约方大会上通过的，旨在限制发达国家温室气体排放量以抑制全球变暖的国际性公约。《京都议定书》于 2005 年 2 月生效，中国于 1998 年 5 月签署并于 2002 年 8 月核准了《京都议定书》。《京都议定书》首次以国际性法规的形式限制温室气体排放，明确了发达国家整体率先减排的目标和受管控的温室气体类型，建立了三种旨在减排温室气体的灵活合作机制——国际排放贸易机制（International Emissions Trading，ET）、联合履约机制（Joint Implementation，JI）和清洁发展机制（Clean Development Mechanism，CDM），其中，ET、JI 两种机制是发达国家之间实行的减排合作机制，CDM 是发达国家与发展中国家之间实行的减排机制，主要是由发达国家向发展中国家提供额外的资金或技术，帮助实施温室气体减排。

3. 联合国政府间气候变化专门委员会

1988 年，世界气象组织（WMO）和联合国环境规划署（UNEP）建立了联合国政府间气候变化专门委员会（IPCC）。IPCC 的主要任务是对气候变化科学知识的现状，气候变化对社会、经济的潜在影响及如何适应和减缓气候变化的可能对策进行评估，为决策人提供对气候变化的科学评估及其带来的影响和潜在威胁，并提供适应或减缓气候变迁影响的相关建议。

4.《巴黎协定》

2015 年 12 月，197 个国家在巴黎召开的联合国气候变化大会上协商通过了《巴黎协定》。《巴黎协定》在一年内便生效，旨在大幅减少全球温室气体排放，将 21 世纪全球气温升幅限制在 2 ℃以内，同时寻求将气温升幅进一步限制在 1.5 ℃以内的措施。根据《巴黎协定》，各方将以"自主贡献"的方式参与全球应对气候变化行动。发达国家将继续带头减排，并加强对发展中国家的资金、技术和能力建设支持，帮助后者减缓和适应气候变化。从 2023 年开始，每 5 年将对全球行动总体进展进行一次盘点，以帮助各国提高减排力度、加强国际合作，实现全球应对气候变化长期目标。《巴黎协定》后，许多国家和地区相继承诺了自主减排目标并制定了实现这些目标的路线图和支持政策，政府、企业、社会组织和个人也都在采取积极行动应对气候变化。

5. 中国"双碳"目标

2020 年 9 月，习近平主席在第 75 届联合国大会一般性辩论上宣布：中国二氧化碳排放力争于 2030 年前达到峰值，努力争取 2060 年前实现碳中和，该目标简称为中国"双碳"目标。2020 年 12 月，习近平主席在气候雄心峰会上进一步宣布：到 2030 年，中国单位国内生产总值二氧化碳排放将比 2005 年下降 65% 以上，非化石能源占一次能源消费比重将为 25% 左右，森林蓄积量将比 2005 年增加 60 亿立方米，风电、太阳能发电总装机容量将超过 12 亿千瓦以上。中国提出的"双碳"目标既体现了应对气候变化的"共同但有区别的责任"和基于发展阶段的原则，又彰显了一个负责任大国应对气候变化的积极态度。

链接《2022 年全球气候状况》

2023 年 4 月 21 日，世界气象组织（WMO）发布《2022 年全球气候状况》（*State of the Global Climate 2022*）报告，通过分析温室气体浓度、全球平均气温、海平面上升、海洋热含量及海冰和冰川等关键气候指标数据，指出尽管在过去 3 年（2020—2022 年）拉尼娜事件产生了降温效应，但 2015—2022 年仍是有记录以来最暖的 8 年。冰川融化和海平面上升在 2022 年再次达到创纪录的水平，并且这一趋势还将持续。

1. 气候指标

（1）全球平均气温。2022 年的全球平均气温比 1850—1900 年的平均水平高 1.15 ℃。2015—2022 年是 1850 年有记录以来最暖的 8 年。尽管连续 3 年出现了有降温效应的拉尼娜现象，但 2022 年仍是第 5 个或第 6 个最暖的年份。这是继 1973—1976 年和 1998—2001 年之后第 3 次出现拉尼娜事件。

（2）主要温室气体浓度。二氧化碳（CO_2）、甲烷（CH_4）和一氧化二氮（N_2O）的浓度在 2021 年达到观测的最高纪录。2020—2021 年，CH_4 浓度的年增长率是有记录以来的最高水平。特定地点的实时数据显示，这 3 种温室气体的浓度于 2022 年都在继续上升。

（3）冰川。2021 年 10 月至 2022 年 10 月，有长期观测数据的基准冰川的平均厚度变化超过 −1.3 米，这一损失远大于 2010—2020 年的平均水平。在 1950—2022 年有记录的 10 个质量平衡负值最大年份中，有 6 个年份发生在 2015 年以后。自 1970 年以来，冰川的累积损失厚度近 30 米。2022 年 2 月 25 日，南极洲的海冰降至 192 万平方千米，是有记录以来的最低水平，比 1991—2020 年的平均值低近 100 万平方千米。2022 年 9 月夏季融化结束后，北极海冰并列成为卫星记录中第 11 个最低的月度最小冰范围。

（4）海洋热含量。2022 年，海洋热含量达到了观测记录的新的高值。温室气体滞留在气候系统中的累积热量约有 90% 储存在海洋中，在一定程度上缓解了更高的温度上升，但对海洋生态系统造成了风险。2006—2022 年，海洋变暖的速率特别快。尽管拉尼娜事件持续存在，但 58% 的海洋表面在 2022 年至少经历了一次海洋热浪。

（5）海平面上升。2022 年，全球平均海平面（GMSL）继续上升，达到了有卫星记录以来（1993—2022 年）的新高。在有卫星记录的第一个十年（1993—2002 年，2.27 毫米/年）和最近的一个十年（2013—2022 年，4.62 毫米/年）间，GMSL 上升速率翻了一番。2005—2019 年，冰川、格陵兰岛和南极洲的陆地总冰量损失对 GMSL 的上升贡献了 36%，而海洋变暖贡献了 55%。陆地储水量的变化贡献了不到 10%。

2. 社会经济和环境影响

（1）东非干旱。东非连续 5 个雨季的降雨量都低于平均水平，这是 40 年来（1983—2022 年）持续时间最长的一次。截至 2023 年 1 月，在干旱和其他冲击的影响下，该地区有 2000 多万人面临严重的粮食不安全。

（2）巴基斯坦破纪录的降雨。2022 年 7 月和 8 月破纪录的降雨导致巴基斯坦遭遇大范围洪灾，有 1700 多人死亡，3300 万人受到影响，近 800 万人流离失所，总经济损失估计为 300 亿美元。2022 年 8 月（比正常情况高出 243%）是巴基斯坦有记录以来最潮湿的月份，7 月（比正常情况高出 181%）次之。

（3）破纪录的热浪。2022 年夏季破纪录的热浪影响了欧洲。在一些地区，极端炎热的天气与异常干燥的条件同时出现。在西班牙、德国、英国、法国和葡萄牙，与欧洲高温有关的超额死亡人数超过 1.5 万人。中国经历了有全国纪录以来范围最广、持续时间最长的热浪，从 6 月中旬一直持续到 8 月底，导致了有记录以来中国最热的夏季，气温上升幅度超过 0.5 ℃。这也是有记录以来中国第 2 个最干燥的夏季。

（4）粮食不安全。截至 2021 年，全球有 23 亿人面临粮食不安全问题，其中 9.24 亿人面临严重的粮食不安全问题。据预测，2021 年有 7.679 亿人面临营养不良，占全球人口的 9.8%，其中有 1/2 在亚洲，1/3 在非洲。2022 年，印度和巴基斯坦季风季前发生的热浪造成了作物产量下降，再加上乌克兰冲突开始后，印度禁止小麦出口和限制大米出口，威胁了国际粮食市场内主食的供应、获取和稳定，给已受到主食短缺影响的国家带来了高风险。

（5）流离失所。在索马里，由于干旱对牧民和农民生计的灾难性影响及2022年的饥饿，近120万人成为国内流离失所者，其中有6万多人在同一时期越境进入埃塞俄比亚和肯尼亚。同时，索马里在受旱灾影响的地区，收容了近3.5万名难民和寻求庇护者。在埃塞俄比亚，还有51.2万名与干旱有关的国内流离失所者。

（6）环境。气候变化对生态系统和环境有重要影响。例如，最近有研究重点评估了青藏高原周围独特的高海拔地区，这是北极和南极之外最大的冰雪储藏地，结果发现，全球变暖正在导致温带地区扩大。气候变化也在影响自然界中反复出现的事件，如树木开花或鸟类迁徙的时间等。

参考文献

[1]联合国.气候变化的原因和影响[EB/OL].https://www.un.org/zh/node/171491.

第 2 章

中国能源消费与碳排放现状

能源是指能够提供能量的资源。这里的能量通常指热能、电能、光能、机械能、化学能等,可以为人类提供动能、机械能和能量的物质。能源是人类赖以生存的基础,是一个国家的经济命脉。作为世界上最大的发展中国家,根据国际能源署数据,中国在 2009 年消费 22.52 亿吨石油当量,相比美国 2009 年石油消费总量 21.70 亿吨高出 4%,成为全球第一大能源消费国。这标志着能源历史开始了一个新的时代。随着中国工业化进程的发展,中国能源需求也逐年增加。与此同时,旺盛的能源需求也使得中国在 2007 年成为世界上最大的二氧化碳排放国和其他温室气体排放国。据《BP 世界能源统计年鉴》,2019 年全球由能源产生的 CO_2 排放量约 341.69 亿吨,较 2018 年增长 0.5%,其中我国碳排放总量达到了 98.26 亿吨,占全球总排放量的 29%。2020 年 9 月,中国在联合国大会上向世界宣布了 2030 年前实现"碳达峰"、2060 年前实现"碳中和"的目标,在加速中国经济和能源转型、推动高质量发展等方面都具有高瞻远瞩的意义。

2.1 中国能源生产、消费结构

根据历年《中国统计年鉴》和《国民经济和社会发展统计公报》数据,统计得到 2002—2020 年中国能源生产、消费结构见表 2-1、表 2-2。

表 2-1 2002—2020 年中国能源生产结构

年份	能源生产总量/万 tce	占能源生产总量的比重/%			
		原煤	原油	天然气	一次电力及其他能源
2002	156277	73.1	15.3	2.8	8.8
2004	206108	76.7	12.2	2.7	8.4
2006	244763	77.5	10.8	3.2	8.5
2008	277419	76.8	9.8	3.9	9.5
2010	312125	76.2	9.3	4.1	10.4
2012	351041	76.2	8.5	4.1	11.2
2014	361866	73.6	8.4	4.7	13.3
2015	361476	72.2	8.5	4.8	14.5
2016	346037	69.8	8.2	5.2	16.8
2017	358500	69.6	7.6	5.4	17.4
2018	377000	69.3	7.2	5.5	18.0
2019	397000	68.6	6.9	5.7	18.8
2020	408000	67.6	6.8	6	19.6

表 2-2 2002—2020 年中国能源消费结构

年份	能源消费总量/万 tce	占能源消费总量的比重/%			
		原煤	原油	天然气	一次电力及其他能源
2002	169577	68.5	21.0	2.3	8.2
2004	230281	70.2	19.9	2.3	7.6
2006	286467	72.4	17.5	2.7	7.4
2008	320611	71.5	16.7	3.4	8.4
2010	360648	69.2	17.4	4.0	9.4
2012	402138	68.5	17.0	4.8	9.7
2014	425806	65.6	17.4	5.7	11.3
2015	429905	63.7	18.3	5.9	12.1
2016	435819	62.0	18.5	6.2	13.3
2017	448529	60.4	18.8	7.0	13.8

续表2-2

年份	能源消费总量/万 tce	占能源消费总量的比重/%			
		原煤	原油	天然气	一次电力及其他能源
2018	464000	59.0	18.9	7.8	14.3
2019	487000	57.7	18.9	8.1	15.3
2020	498000	56.8	18.9	8.4	15.9

从表2-1可以看出，中国能源的生产总量从2002年的156277万tce增加到2020年的408000万tce，增长161%。原煤在能源生产总量中的比重逐年下降，但幅度不大；受资源禀赋的限制，原油在能源生产总量中的比重逐年下降，且幅度较大；天然气、一次电力及其他能源(水电、风电、核电、光电等清洁能源)发电的产量增长很快，在能源生产总量中的比重上升较快。但是，我国天然气产量较低，对外依赖度较高，当前国际形势复杂多变，逆全球化暗流涌动，能源安全已引起各国高度重视，在逆全球化形势下，国际能源贸易将面临诸多不确定性。在"碳中和"背景下，我国能源安全战略会逐渐从渠道向源头延伸，推动新旧动能转换，降低天然气、石油等传统化石能源的外部依赖，切实保障能源安全，为我国经济健康、稳定、可持续发展奠定良好的能源基础。

从表2-2可以看出，伴随国民经济快速增长，中国能源的消费总量从2002年的169577万tce增加到2020年的498000万tce，增长194%，能源的对外依存度也显著增加。但经过多年的努力，中国能源消费结构优化的成效显著，原煤在能源消费结构中的比重已不到60%，天然气在能源消费结构中的比重从2002年的2.3%增加到2020年的8.4%，一次电力及其他能源(水电、风电、核电、光电等清洁能源)的消费占比也迅速上升，能源消费结构朝着清洁、高效、低碳的方向良性发展。但也要清醒地认识到，目前在我国的能源消费结构中，化石能源仍然是主要能源。2020年，我国化石能源消费在一次能源消费中占比为84.1%，在这种能源结构下，我国CO_2排放量始终居高不下，由化石能源消费产生的碳排放接近100亿吨，其中，煤炭消耗产生的碳排放超过75亿吨，石油消耗产生的碳排放大约为14亿吨，天然气消耗产生的碳排放大约为7亿吨。目前中国能源效率仍低于世界平均水平，并且远落后于发达国家。

2.2 中国能源消费特点

随着产业结构的调整和经济发展方式的转变，我国的经济发展进入了"新常态"。在这种背景下，中国能源需求也出现了一些新特点。

1. 能源消费增速明显放缓

从近10年增速看，我国2015年能源消费增速比2010年持续下降6.5个百分点，2016年开始增速转为上升，2019年达到3.3%，但与2010年(7.4%)、2011年(7.2%)的高增速相比，2012年以来能源消费总量均属于低速增长状态，以较低的能源消费增速支撑了经济的中高速发展。目前，我国经济进入新常态，经济增速放缓，经济结构不断优化，新旧增长动力加快转换，粗放式能源消费将发生根本转变。同时，国家鼓励进一步降低煤炭消费占比，大力发展天然气，未来能源效率有望持续提升，能源消费进入中低速增长期。

根据国家发展改革委、国家能源局2016年底印发的《能源生产和消费革命战略(2016—2030)》，未来我国将坚持能源绿色生产、绿色消费，降低煤炭在能源结构中的比例，大幅提高新能源和可再生能源比重，使清洁能源基本满足未来新增能源需求。预计到2030年，国内石油消费增速放缓，占比稳定在17%~20%；煤炭消费总量下降，能源结构占比降至46%；天然气和其他可再生能源快速发展，能源结构占比分别提高至15%和20%。

2. 清洁能源消费比重大幅提高

由于中国独特的资源禀赋，以煤为主的能源结构有其发展的合理性。在经济快速增长阶段，快速增长的能源需求迫使煤炭利用大幅度增长，煤炭占能源消费总量的比例曾一度接近70%。目前，我国传统的能源生产和消费结构还是以煤炭为主。随着我国能源需求增速的降低，在各地加强节能减排、环境保护和应对气候变化的大环境下，能源结构调整正持续"去煤化"，清洁能源和可再生能源的发展持续提速。2020年，煤炭消费量占能源消费总量的56.8%，比上年下降0.9个百分点；天然气、一次电力及其他能源(水电、风电、核电、光电等清洁能源)消费量占能源消费总量的24.3%，上升0.9个百分点，能源消费结构进一步优化。壮大清洁能源产业仍将是我国能源发展主方向，《中华人民共和国能源法》征求意见稿亦将可再生能源列为优先发展。风能、太阳能、生物质、水电、核电和天然气等清洁能源增速将继续领先，我国能源结构将更趋清洁化。在国际上，为缓解疫情的冲击，各国政府或将可再生能源、能效、氢能及碳捕获等清洁能源技术作为经济复苏计划的核心，清洁能源已是新经济增长点，关乎未来发展主动权、产业竞争力和能源安全。

  3.能效水平持续提升

  技术节能在工业节能中占据重要地位。近年来，中国工业能源技术水平稳步提高，主要产品能耗指标明显改善，重点骨干企业的能耗指标已经接近或达到国际先进水平；但是，就整体而言，工业能耗水平仍高于国际先进水平，技术水平较低的企业仍大量存在，技术节能潜力依然较大。有研究显示，钢铁行业的节能减排潜力巨大，未来的节能减排潜力先升后降，并在 2027 年达到峰值。2012—2030 年，钢铁行业各项措施的累计节能减排潜力为 2.7 亿~5.3 亿吨标准煤，累计减排潜力为 10.0 万~19.3 万吨 CO_2。其中，炼铁和轧钢流程的节能减排贡献最大，累计贡献接近 80%。在分析的 30 项节能减排技术中，如果考虑节能收益和减排收益，共有 17 项技术措施具有经济可行性，其累计节能潜力为 2.6 亿~2.9 亿吨标准煤，累计减排潜力为 4.3 万~7.7 万吨 CO_2。根据原油、乙烯、合成氨、甲醇等 15 个重点耗能产品的对标分析，如果行业平均能效水平达到 2014 年度能效领先水平，可实现年 3000 万吨标煤左右的节能潜力。国内生产总值能耗同比上年下降率如图 2-1 所示。

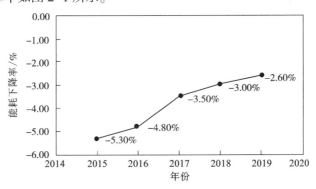

图 2-1 国内生产总值能耗同比上年下降率

  2013 年以来，工信部先后针对钢铁、有色金属、建材等行业出台和修订了一系列行业规范条件，进一步推动行业技术升级。2019 年，规模以上工业单位增加值能耗下降 2.70%，重点耗能工业企业单位电石综合能耗下降 2.10%，单位合成氨综合能耗下降 2.40%，吨钢综合能耗下降 1.30%，单位电解铝综合能耗下降 2.20%，每千瓦时火力发电标准煤能耗下降 0.30%。通过持续的节能技术攻关，我国节能降耗将不断取得新成效，单位 GDP 能耗将持续下降。2019 年单位 GDP 能耗和重点领域综合能耗下降情况如图 2-2 所示。

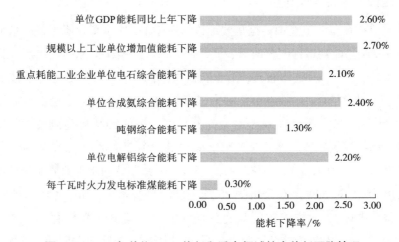

图 2-2 2019 年单位 GDP 能耗和重点领域综合能耗下降情况

4. 能源消费弹性系数继续反弹

能源消费弹性系数是指能源消费的增长率与 GDP 增长率之比，是反映能源消费增长速度与国民经济增长速度之间比例关系的指标，能够反映经济增长对能源的依赖程度。能源消费弹性系数之所以重要，一方面，其直接反映的是一定时期，国家经济发展的能源消费效率；另一方面，其说明的是国家经济社会发展的能源成本，这更为重要。一般来说，在一个国家某一特定的发展阶段，能源消费弹性系数应保持在某一较为稳定的水平且应该逐渐降低，说明这个国家的能源使用效率越来越高，经济发展的质量越来越好，国家总体的经济竞争力越来越强。最理想的情况是，能源消费弹性系数应该为零或负数，即在保持一定经济增长速度的同时，能源消费是零增长或不增长，很多发达国家已经阶段性地达到了这一目标。从图 2-3 可以看出，2011 年到 2015 年，我国能源消费弹性系数有较大的下降，但从 2016 年开始，又开始了触底反弹，这表明，当前我国仍需高度重视能源节约工作，应继续大力推进节能降耗。

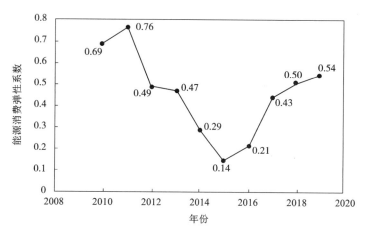

图 2-3　2010—2019 年我国能源消费弹性系数变化

5. 能源新生业态更趋活跃

近年来，我国新产业、新业态、新模式持续兴起，新冠疫情更是倒逼消费数字化转型，以互联网经济为代表的新动能显现出强劲生命力，同时也加快了以智能化为特征的新型能源产业和新生业态发展。我国新型能源的关键核心技术已获得许多突破，新型能源的开发利用也变得更加经济高效，风能、太阳能、地热能、生物质能技术已经较为成熟，海洋能和氢能的利用也已起步，多能互补、"互联网+"智慧能源、综合能源服务等能源新业态正成为新的发展方向。未来，新型能源技术将加快与云计算、大数据、物联网、人工智能、区块链、5G 等现代信息技术深度融合，不断催生能源新生业态，能源产业将加速数字化升级。

2.3　中国碳排放现状

1. 碳排放计算

一个国家的碳排放计算，不能用行业的碳排放简单相加，更不能用所有企业的碳排放简单相加，这样很容易重复计算。国际上，有更科学的计算方法，有形成共识的温室气体排放清单标准。目前，国际上温室气体排放清单标准主要有：ISO 14064、GHG protocol、IPCC 等。其中，IPCC 的技术报告和方法指南相对比较权威。IPCC 国家温室气体清单如图 2-4 所示。

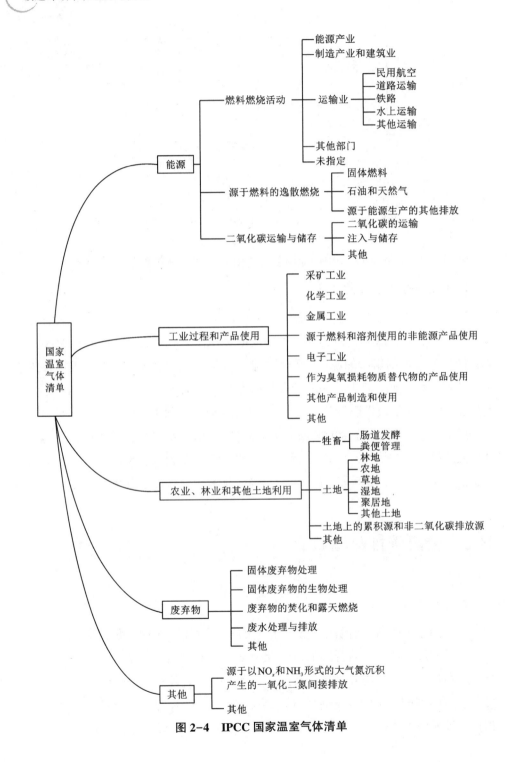

图 2-4　IPCC 国家温室气体清单

2019 年 6 月，我国按照《联合国气候变化框架公约》相关要求，根据 IPCC 国家温室气体清单指南，向《公约》秘书处提交了《中华人民共和国气候变化第三次国家信息通报》和《中华人民共和国气候变化第二次两年更新报告》，向国际社会报告了我国应对气候变化的各项政策与行动信息。从报告中获知，2010 年和 2014 年中国温室气体排放总量（不包括土地利用、土地利用变化和林业）分别为 105.44 亿吨和 123.01 亿吨二氧化碳当量，比 2005 年增长了 31.6% 和 53.5%。2010 年和 2014 年土地利用、土地利用变化和林业的温室气体吸收汇分别为 9.93 亿吨和 11.15 亿吨二氧化碳当量，考虑温室气体吸收汇后，温室气体净排放总量分别为 95.51 亿吨和 111.86 亿吨二氧化碳当量。

这里的国家温室气体清单范围，包括能源活动，工业生产过程，农业活动，土地利用、土地利用变化和林业，废弃物处理五个领域。其中，能源活动温室气体清单报告内容包括燃料燃烧和逃逸排放。燃料燃烧覆盖能源工业、制造业和建筑业、交通运输、其他部门及其他。其中：其他部门细分为服务业、农林牧渔和居民生活；其他包括生物质燃料燃烧的甲烷和氧化亚氮排放，以及非能源利用的二氧化碳排放。逃逸排放覆盖固体燃料和油气系统的甲烷排放。工业生产过程温室气体清单报告内容包括非金属矿物制品生产、化工生产、金属制品生产、卤烃和六氟化硫生产，以及卤烃和六氟化硫消费的温室气体排放。这样，所有涉及能源活动和能源消耗的，不管是能源行业还是制造业、建筑业、运输业，只要使用煤炭、石油、天然气等能源排放二氧化碳，都会列入这个范围。2014 年中国温室气体排放领域构成如图 2-5 所示。

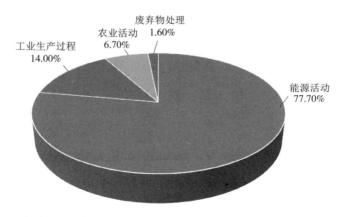

图 2-5 2014 年中国温室气体排放领域构成（不包括土地利用、土地利用变化和林业）

根据这种划分方式，以 2014 年我国 123 亿吨碳排放为例，能源活动是温室气体的主要排放源。2014 年我国能源活动排放量是 95.6 亿吨二氧化碳当量，占温室气体总排放量的 77.70%，工业生产过程排放是 17.2 亿吨当量，所占比重为 14.00%，农业活动排放是 8.3 亿吨当量，所占比重为 6.70%。从以上碳排放来源可以看出，能源活动和工业活动，占据了整个碳排放的 90.00% 以上，只要抓住这两个关键点，碳中和目标就基本可以得到解决。

2. 中国碳排放基本概况

根据《京都议定书》，"温室气体"包括二氧化碳（CO_2）、甲烷（CH_4）、氧化亚氮（N_2O）、氢氟碳化物（HFCs）、全氟化碳（CF_4）等。人为活动产生的"温室气体"排放中，二氧化碳比重最大，约占能源排放量的 90%，影响最为重要，因此本书研究的碳排放主要是指二氧化碳。人类生产活动产生的二氧化碳约 95% 来源于化石能源（煤炭、石油、天然气等）的消耗。根据发布的 2016—2020 年《中国能源大数据报告》，近年来中国一次能源消费中煤炭和石油占比约 80%，二者是二氧化碳的主要排放源。

随着中国经济迅速发展和生产活动快速扩张，二氧化碳排放量也呈上升的趋势。根据国际能源署（IEA）的数据，中国二氧化碳总体排放量从 2005 年的 54.07 亿吨增长到 2019 年的 98.09 亿吨，增长将近一倍。根据世界银行统计，2005 年中国超过美国成为世界第一大碳排放国，到 2016 年，中国碳排放占世界总排放量的 29%。2005—2019 年中国二氧化碳排放情况见表 2-3。

表 2-3　2005—2019 年中国二氧化碳排放情况

年份	二氧化碳排放量/百万吨		单位 GDP 二氧化碳排放量/（吨·万元$^{-1}$）	
	WDI	IEA	WDI	IEA
2005	5897.0	5407.5	3.1	2.9
2006	6529.3	5961.8	3.0	2.7
2007	6697.7	6473.2	2.5	2.4
2008	7553.1	6669.1	2.4	2.1
2009	7557.8	7131.5	2.2	2.0
2010	8776.0	7831.0	2.1	1.9
2011	9733.5	8569.7	2.0	1.8

续表2-3

年份	二氧化碳排放量/百万吨		单位 GDP 二氧化碳排放量/(吨·万元$^{-1}$)	
	WDI	IEA	WDI	IEA
2012	10028.6	8818.4	1.9	1.6
2013	10258.0	9188.4	1.7	1.5
2014	10291.9	9116.3	1.6	1.4
2015	10145.0	9093.3	1.5	1.3
2016	9893.0	9054.5	1.3	1.2
2017		9245.6		1.1
2018		9528.2		1.0
2019		9809.2		1.0

数据来源：世界银行世界发展指标（WDI）、国际能源署（IEA）、中国国家统计局。

虽然中国二氧化碳排放的总量较高，但也在控制碳排放、实现绿色发展方面取得了积极进展。一方面，二氧化碳排放增速明显放缓。2005—2010 年二氧化碳排放年均增速约 8%，2011—2015 年下降至约 3%，2016—2019 年进一步下降至约 1.9%。另一方面，单位 GDP 的二氧化碳排放强度逐步下降。根据 IEA 公布的数据进行测算，中国单位 GDP 的二氧化碳排放从 2005 年的 2.9 吨/万元逐步下降到 2019 年的 1 吨/万元，降幅约 60%。这些进展在很大程度上受益于能源结构的不断调整。

2000 年之后，随着我国加入 WTO，产业和经济融入世界经济体系，成为全球最大的制造业国家，这一时期我国的碳排放总量呈现快速增长。目前，我国碳排放总量大且碳排放强度高，一方面与我国的经济结构有关，另一方面与我国以煤为主的能源结构有关。近年来，中国一次能源消费结构呈现出明显的低碳化、清洁化趋势（表 2-2）。同比 2005 年和 2020 年，煤炭消费量比重从 68.5% 降至 56.8%，天然气消费量则从 2.3% 提高到 8.4%，清洁能源（一次电力及其他能源）消费量从 8.2% 提高到 15.9%。

3. 碳排放的主要领域

2020 年，全国 CO_2 总排放量约为 113.5 亿吨，占全球总排放量的 32%。我国碳排放总量从 CO_2 排放结构看，主要集中在电力、工业、建筑、交通四个领域,占总分别为 40.5%、37.6%、10.0%、9.9%。从更加细分的行业来看,我国钢铁、水泥、化工对应的排放占排放总量的比重分别为 16.2%、15.7%、7%。

4. 中国碳排放趋势

从碳排放强度看,我国的碳排放强度高于世界主要国家,既高于欧美发达国家,也高于印度、俄罗斯等发展中国家。由于碳排放总量大,在人均碳排放方面,我国已经超过世界人均水平,也超过了欧盟各国的人均水平。近年来,全国各地围绕大气污染防治攻坚任务,扎实推进减煤替代和电能替代,实现能源清洁高效利用,经过不断努力,我国碳排放强度持续下降,实现了碳排放强度的持续大幅下降和能源结构的持续优化,扭转了 CO_2 排放快速增长的局面。根据生态环境部发布的《2022 中国生态环境状况公报》,2022 年全国万元国内生产总值二氧化碳排放比 2021 年下降 0.8%。2017—2022 年万元国内生产总值二氧化碳排放同比下降率如图 2-6 所示。

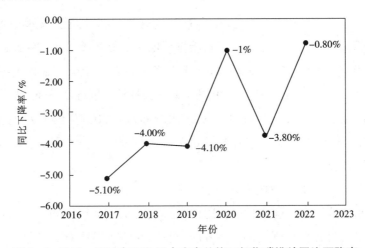

图 2-6　2017—2022 年万元国内生产总值二氧化碳排放同比下降率

2.4　中国"30·60"实现路径

实现"30·60"目标,主要在于两个方面,一个是能源替代,用非化石能源和可再生能源替代煤炭、石油和天然气等化石能源,另一个是工业结构的再造和重建,一系列工艺过程需要重新建立,这就需要开启一场绿色工业革命。中国每年的能源消耗大概在 50 亿吨标煤, 其中煤炭占比接近 70%。所以丁仲礼院士认为, 最大的替代就是电力和热力供应端要从以煤为主改造发展为以风、光、水、核、地热等可再生能源和非碳能源为主; 工业活动方面, 即建材、钢铁、化工、有色等原材料生产过程中的用能以绿电、绿氢等替代煤、油、气; 交通用能、建筑用能以绿电、绿氢、地热等替代煤、油、气。

能源消费端要实现这样的替代, 一个重要的前提是全国绿电供应能力几乎处在"有求必应"的状态。要达到此目标, 我国电力装机容量要成倍扩大。目前的发电装机容量在 24 亿千瓦左右, 丁仲礼院士预测, 到 2060 年前, 电力装机容量至少需要 60 亿千瓦。这必将促进我国在发电技术、储能技术和输电技术这三方面的"革命性"进步。考虑到我国风、光、水等资源主要集中在西北和西南地区, 而大量的人口(近 10 亿人)生活在东部沿海平原地带, 所以需要大量电力输送。为了解决远距离电力输送损耗问题, 我国经过数十年科研攻关, 目前, 在特高压输电技术方面已处于世界领先地位。

此外, 除了特高压输电之外, 还有一个更经济的办法, 那就是产业转移。把很多高能耗制造业转移到西部地区, 在风光资源密集地区建设零碳产业园, 就地消纳当地的绿电。这样既解决了当地就业问题, 也可以发展当地产业和经济, 有利于共同富裕。工业领域, 除了能源替代, 还需要引入新的节能减排生产工艺技术, 包括钢材、水泥、化工、玻璃制造等领域。比如钢材, 传统工艺是用焦炭炼钢, 主要是把三氧化二铁的氧气置换出来, 碳氧结合变成二氧化碳, 剩下来的就是提纯后的铁。但这样会形成过多的二氧化碳, 不利于"双碳"目标。现在欧洲国家流行绿钢, 就是用氢气替代焦炭炼钢。利用氢气置换出三氧化二铁中的氧气, 最后生成水, 而且氢气燃烧值更高, 氢置换的活性比碳还要强, 可以炼出纯度更好的铁, 同时又不会产生大量的二氧化碳。中国的宝武钢铁, 也在做这方面的尝试。炼钢过程中以绿氢作还原剂取代焦炭, 未来将成为一种趋势。

总而言之, 通过以风电、光伏、水电、核电等代煤电, 以绿电、绿氢代替石油, 同时在工业上引入新的节能减排生产工艺技术, 这就抓住了"双碳"目标的关键; 此外, 配之以二氧化碳捕获、利用与封存, 以及森林、土壤和海洋等碳汇, 将有助全面实现"双碳"目标。

参考文献

[1] 万桃红. 2021年中国能源产量及消费量情况分析：一次性能源，同比增长2.7%[EB/OL].（2022-01-11）. https://www.sohu.com/a/515515321_120956897.

[2] 全国煤化工信息总站. 2002—2018年中国能源生产、消费结构[J]. 煤化工，2020，48（3）：85.

[3] 李晶. 中国能源消费与经济高质量发展的关系及影响研究[J]. 现代经济探讨. 2022（4）：11-20，132.

[4] BP公司. BP世界能源统计年鉴[R]. 北京：BP公司，2020.

[5] 全球实时碳数据[EB/OL].[2020-08-20]. http://carbonmonitor.org.cn/.

[6] 能源情报研究中心. 中国能源大数据报告（2020）——能源综合篇[EB/OL].[2020-05-21]. https://news.bjx.com.cn/html/20200521/1074323-5.shtml.

[7] 苟林. 中国钢铁行业节能减排潜力分析[J]. 生态经济. 2015，31（9）：52-55.

第 3 章

碳达峰碳中和概念

气候变化是人类面临的全球性问题，随着世界各国二氧化碳排放，温室气体猛增，对生命系统形成威胁。在这一背景下，世界各国以全球协约的方式减排温室气体。在第 75 届联合国大会一般性辩论、联合国生物多样性峰会、金砖国家领导人第十二次会晤、气候雄心峰会及 2020 年中央经济工作会议上，习近平总书记多次提出，中国二氧化碳排放力争于 2030 年前达到峰值，努力争取 2060 年前实现碳中和。

实现碳达峰碳中和是一场广泛而深刻的经济社会系统性变革，涉及社会经济、产业结构、能源体系、交通运输、城乡建设、科技攻关、生态碳汇、对外开放、政策法规等全面转型发展任务，把碳达峰碳中和纳入生态文明建设整体布局，纳入经济社会发展全局，旨在"推动绿色发展，促进人与自然和谐共生"。

3.1 什么是碳达峰碳中和

碳达峰是指在某一时间点上，某个国家或地区二氧化碳的排放不再增长，达到峰值之后逐步降低。实现碳达峰意味着一个国家或地区的经济增长不再以碳排放增加为代价。

碳中和是指某个国家或地区在规定的时期内人为排放的二氧化碳，与通过植树造林、碳捕集利用与封存的二氧化碳相互抵消，实现二氧化碳"零排放"。

3.2 为什么要碳达峰碳中和

气候变化是人类面临的全球性问题，随着世界各国二氧化碳排放，温室气体猛增，对生命系统形成威胁，我们正在经历热浪、洪水、干旱、森林火灾和海平面上升等一系列灾害性天气气候事件。

在这一背景下，世界各国以全球协约的方式减排温室气体，我国由此提出碳达峰碳中和目标。习近平总书记在党的二十大报告中指出，"实现碳达峰碳中和是一场广泛而深刻的经济社会系统性变革"，涉及社会经济、产业结构、能源体系、交通运输、城乡建设、科技攻关、生态碳汇、对外开放、政策法规等全面转型发展任务，把碳达峰碳中和纳入生态文明建设整体布局，纳入经济社会发展全局，旨在"推动绿色发展，促进人与自然和谐共生"。

大自然是人类赖以生存发展的基本条件，尊重自然、顺应自然、保护自然，是全面建设社会主义现代化国家的内在要求。只有坚持绿色低碳发展理念，正确处理人与自然的关系，加强生态环境治理，不断推进生态文明建设，全面推动社会经济、能源和生产生活绿色转型，才能更好地满足人民群众日益增长的优美生态环境需要和美好生活需要，为实现可持续发展奠定坚实基础。

我国作为"世界工厂"，产业链日渐完善，国产制造加工能力与日俱增，同时碳排放量加速攀升。但我国油气资源相对匮乏，发展低碳经济，重塑能源体系具有重要安全意义。

牢固树立和践行绿水青山就是金山银山的理念，坚持保护优先、自然恢复和人工修复相结合，坚持合理布局绿化空间、山水林田湖草沙一体化治理，坚持因地制宜、适地适绿，坚持质量优先、节俭造林，严格落实禁止耕地"非农化""非粮化"有关要求，把造林重点由规模化造林向村庄绿化、河渠绿化、林网建设等四旁植树转移，由单纯绿化美化向适度发展特色经济林转移，科学开展国土绿化行动，提升生态系统碳汇增量，构建以森林植被为主体的国土生态安全体系。

3.3 如何实现碳达峰碳中和

一方面，要坚持系统观念，统筹产业结构调整、污染治理、生态保护、应对气候变化，协同推进降碳、减污、扩绿、增长，推进生态优先、节约集约、绿色低碳发展。另一方面，要统筹发展与安全，持续完善碳达峰碳中和政策体系，加快建立完善的碳达峰碳中和监督评价考核体系，强化支撑碳达峰碳中和目标的科技创新和产业体系，积极参与应对气候变化全球治理，加强国际合作以有效应对绿色低碳贸易壁垒问题，为实现中国式现代化提供气候安全保障。

1. 兼顾高质量发展与能源安全

继续完善碳达峰碳中和政策体系，实现碳达峰碳中和目标与保障能源安全并行不悖。不同时期能源安全的内涵与实现路径不同，我国近中期需要加快节能与化石能源替代，减少油气对外依存度，这是保障能源安全的关键。随着以新能源为主体的新型电力系统的逐步建立，风电、光伏在能源系统中所占的比例大幅提高，电动汽车保有量规模庞大，维护能源安全的关键在于确保能源系统的稳定供应，需要保留适当比例、清洁高效的煤电、气电，以为能源系统提供灵活的调峰服务，有效应对极端气候事件(如"黑天鹅"事件)等对能源系统造成的不利冲击，为维护能源安全保驾护航，同时结合碳捕集、利用与封存技术，以及碳移除技术的发展，实现能源部门的碳中和。

2. 因地制宜制定碳达峰碳中和实施方案

提高认识，积极稳妥推进落实碳达峰碳中和目标。实现碳达峰碳中和目标急不得也慢不得，需要久久为功、持续发力，完整准确地全面贯彻新发展理念，保持战略定力；要立足中国能源资源禀赋，从富煤贫油少气的能源现状出发，有计划地分步骤实施碳达峰行动。

兼顾地区发展不平衡的现实。根据区域发展阶段、能源资源禀赋、科技创新能力、产业结构等方面的差异，因地制宜制定碳达峰碳中和实施方案，不搞"一刀切""齐步走"。要推动地方层面更加精准施策，提高管理的科学化和精细化水平，完善能源消耗总量和强度调控，重点控制化石能源消费，逐步转向碳排放总量和强度"双控"制度，推进对煤炭的减量替代。

坚持先破后立，统筹发展与安全。合理设置目标，处理好发展和减排、整体和局部、长远目标和短期目标、政府和市场的关系，确保粮食、能源、重要产业链供应链安全。推动碳达峰碳中和不是简单退出化石能源领域，而是要构建多能互补的现代化新型能源体系。持续优化产业结构，严格控制"两高"项目，提高绿色低碳产业比重，大力发展新兴产业，合理管控 5G、数据中心等数字经济新兴产业的高耗能。

3.加快建立完善的碳达峰碳中和监督评价考核体系

实现碳达峰碳中和目标需要建立完善的监督评价考核体系，加强针对目标完成进展、能源安全与产业发展形势的分析评估，加强针对低碳转型的风险监测预警，建立综合应对机制，有效应对绿色低碳转型中的各种风险挑战。针对碳达峰碳中和政策的评估，不仅要关注目标完成进展，更要对政策效果、减排效果及社会经济成本进行跟踪评估，同时总结政策实践中好的做法及政策实施过程中遇到的问题挑战，针对形势变化及意外情况及时进行政策调整，确保政策实施的有效性和社会可接受度。要针对各地区、各行业受到的不利影响与风险挑战进行深入研判，做好应对预案和保障措施，最大限度降低政策执行的社会经济代价。加快建立完善的碳达峰碳中和政策评估机制，需要明确评估主体、评估对象、评估内容、评估方法、评估程序等相关内容，并加强对评估结果的利用。

4.强化支撑碳达峰碳中和目标的科技创新和产业体系

实现碳达峰碳中和目标是一场广泛而深刻的经济社会系统性变革，需要加快转变发展方式，将经济增长从投资主导转向消费驱动，更多依靠创新驱动实现内涵型增长，减少短期经济增长与长期气候目标之间的冲突。

强化创新驱动。当前，全球能源体系正在发生深刻变革，新一轮科技革命和产业变革方兴未艾。要抓住当前的战略机遇期，围绕落实碳达峰碳中和目标，加快实施科技创新，针对风电、光伏等产业"大而不强"的发展现状，加快推进关键技术和装备攻关，统筹推进"补短板"和"锻长板"，为建设新型电力系统和能源转型提供有力支撑。要通过绿色低碳技术创新，延长清洁能源产业链，推动制造业高端化、智能化、绿色化发展，打造一批具有国际竞争力的产业集群，深度融入国际产业链供应链，推动中国制造业迈向全球价值链中高端。

完善低碳产业体系。坚持先立后破，大力推动发展绿色低碳产业，加快培育绿色低碳新增长点，推动实现后疫情时代经济的绿色复苏。加快打造自主可控、安全可靠的清洁能源产业链，把发展清洁能源产业与推进高质量发展有机结合起来，加快绿氢、储能、智能电网，以及碳捕集、利用与封存等新技术的科技创新及商业化应用，解决新能源规模化发展面临的瓶颈问题。大力发展数字经济，促进数字经济与绿色低碳发展的深度融合，推动工业、交通、建筑等部门的数字化、智能化和低碳化发展。加快构建绿色低碳交通体系，加大公共充电设施、加氢站等低碳交通基础设施建设投资。推动构建低碳智慧农业，充分发挥自然生态系统的固碳效益，加快构建支撑实现碳达峰碳中和目标的产业体系。

3.4　实现碳达峰碳中和面临的问题

全球气候治理体系持续变革，弥补排放差距已成为世界各国面临的迫切问题，中国面临的国际减排与发展转型的压力日益增大。碳达峰碳中和政策的"碎片化"特征明显，实现路径不明晰，政策执行与评估机制不完善，缺乏完善的低碳产业体系，绿色低碳转型融资缺口较大，增加了碳达峰碳中和政策实施的难度。

1.碳达峰碳中和政策的"碎片化"特征明显，尚未形成合力

碳达峰碳中和政策体系虽已初步建立，但总体上"碎片化"特征明显，政策之间的协调性与衔接度有待提高。政策措施的宏观性较强、可操作性较差，这在很大程度上导致政策执行者难以采取有效的行动，从而削弱了政策实施的有效性。从政策工具来看，政策主要通过意见、方案、规划等政策工具推动，而市场机制、法律工具、社会治理等政策工具尚未得到充分合理的运用，制约了政策合力的形成。从政策的落实主体来看，政策执行机制尚不完善，各地制定的碳达峰碳中和方案千篇一律，缺乏有针对性的解决方案；企业缺乏有效的碳中和路径和政策技术支撑体系，面临经济下滑、成本上涨及碳关税等不利影响，企业生产经营困难，抗风险能力较差，绿色低碳技术创新能力不足，导致推行碳达峰碳中和政策的阻力较大。

2. 理解认识不到位，碳达峰碳中和实现路径不明晰

从各地推动碳达峰碳中和的工作实践来看，普遍存在一些认识误区，主要包括：曲解、误解碳达峰碳中和目标。有些地方盲目割裂碳达峰与碳中和的内在联系，存在将碳达峰变成"碳冲峰"的政策冲动，错误认为"十四五"是上马"两高"项目的最后时机，造成部分地区"两高"项目投资反弹，不仅导致高位达峰，而且加大了后期实现碳中和的难度。还有一些地方在推进落实碳达峰碳中和目标的过程中，容易将其与经济发展对立起来，为完成能源"双控"目标采取拉闸限电等极端措施，严重干扰了正常的生产生活，付出了较高的社会经济代价，不利于碳达峰碳中和工作的持续推进。

存在简单化、片面化的认识。简单认为实现碳达峰碳中和目标就是要求煤炭完全退出，快速淘汰煤电，跨越油气时代，短期内实现可再生能源高比例利用，忽略了新型能源基础设施的建设、能源安全的保障需要一定的转型时间。片面夸大碳汇等碳吸收、负碳排放技术的作用，认为只要通过大力发展基于自然系统的碳汇和碳移除工程技术，就能实现碳中和，无须对现有的电力、钢铁、水泥、石化、化工等行业进行深度减排，忽视了中国土地资源有限、负碳技术成本高、工业碳排放体量大等现实国情。

避重就轻，缺乏核心减排行动。有些地方或企业在推动落实碳达峰碳中和目标方面力度不够，多侧重于某些容易实现的方面，缺乏核心减排行动。例如化石能源富集的地区坚持强调化石能源的主体地位，发展可再生能源的积极性不高；可再生能源丰富的地区将实现碳达峰碳中和目标简单理解为完全退出煤炭领域；碳汇资源丰富的地区片面地认为发展自然系统碳汇和碳移除工程技术就能实现碳中和。不少企业受到上、下游产业链供应链的压力，或出于投资炒作"碳中和"概念的考虑，作出的碳中和承诺避重就轻，缺乏核心减排行动。

3. 碳达峰碳中和政策的执行机制不完善

当前，中国碳达峰碳中和政策落实中存在的问题是由多方面因素造成的，既有政策本身存在的不足，也有政策执行中普遍存在的"上有政策，下有对策"的博弈问题，而缺乏完善的政策监督评价考核体系也会助长此现象，因此未来政策设计仍需持续完善。

"上有政策，下有对策"的政策博弈问题。政策执行主体的自身利益需求与行为倾向会影响公共政策的有效执行。"上有政策，下有对策"本质上是一种消极的政策变通，是对原有政策的曲解与背离。尽管地方都有推动创新发展、绿色发展的主观愿望，但并不都具备产业转型升级的要素条件，不能在短时间内实现经济增长向绿色低碳经济发展新动能的转换。因此，一些在落实碳达峰碳中和目标方面存在实际困难的地方政府，就会千方百计寻求破解碳达峰碳中和约束的招数，通过政策博弈或消极落实等不同方式来维护自身利益，从而加大了实现碳达峰碳中和目标的难度。

对政策执行中遇到的问题预判与应对不足。碳达峰碳中和工作作为一项新生事物，其实现路径、政策措施、支撑体系还不完善，需要在实践中不断探索。前期政策设计对各地的差异性、复杂性与现实性问题的考虑可能不足，碳达峰碳中和政策体系与其他政策之间可能存在相互脱节、相互冲突的问题，加上政策配套体系不完善，以及相关政策主体的权利与义务界定不明确，这些均给政策实施增添了困难。

4. 缺乏完善的碳达峰碳中和政策评估机制

目前，针对碳达峰碳中和目标落实尚未建立完善的监督评价考核体系。为了不影响政绩评价考核，地方官员会不惜一切代价达成能源"双控""双碳"等一票否决性指标。当前的政策监督评价考核体系只关注目标完成情况，对如何完成及政策完成效果关注不够，落实碳达峰碳中和目标的各相关部门之间缺乏有效的沟通协调，尚未形成严密有序、分工合理、协调互动、高效运行的有机整体，这在客观上不利于碳达峰碳中和政策的落实。

5. 绿色低碳转型融资缺口较大

2022年10月，世界银行发布《中国国别气候与发展报告》，强调气候变化的不利影响导致海岸洪水、风暴潮、海岸侵蚀和海水倒灌等灾害频发，严重威胁着中国人口稠密、海拔较低、经济发达的沿海城市，需要加快推动低碳发展转型与气候韧性发展。落实碳达峰碳中和目标，需加快电力、工业、交通、建筑等重点排放部门的脱碳化进程。电力部门需要扩大太阳能、风能和储能投资，促进可再生能源消纳。工业部门通过退出过剩产能、发展循环经济、提高能源效率和电气化水平，可在短期内降低排放，从长期来看，需要通过绿氢与碳捕集、使用与储存（CCUS）等技术创新实现深度脱碳。交通部门需要加大针对大容量公共交通、电气化及低碳燃料等的投资，持续提高燃料和能源效率，促进交通运输结构转变。建筑部门需要通过电气化、清洁的区域供热和提高能源效率以减少碳排放。同时,需要加大针对基于自然的解决方案(NbS)等碳吸收、碳封存、负排放技术的投资,抵消其他部门难以削减的排放以实现碳中和,以抵御洪水、干旱和海平面上升的不利影响。实现经济体系的脱碳化进程与碳中和目标,需要针对绿色基础设施和技术扩散进行大规模投资。世界银行的模型预测结果表明:中国为实现 2060 年碳中和目标,仅电力和交通领域就需要14 万亿~17 万亿美元的额外投资,主要用于绿色基础设施建设和科技研发投资。目前,中国的绿色金融体系难以满足绿色低碳发展转型的资金需求,需加快金融创新,吸引社会资本充分参与,加大对重点行业减排和气候韧性投资,进一步拓展全国碳市场,从电力行业逐步扩展到钢铁、水泥等其他高碳行业,发展碳抵消市场,建立完善的企业碳排放核算体系等,积极运用碳金融等市场机制来弥补绿色低碳发展转型的融资缺口。

<h2 style="text-align:center">参考文献</h2>

[1] 碳达峰碳中和工作领导小组办公室,全国干部培训教材编审指导委员会办公室.碳达峰碳中和干部读本[M].北京:党建读物出版社,2022.
[2] 中共中央,国务院.中共中央　国务院关于完整准确全面贯彻新发展理念做好碳达峰碳中和工作的意见[Z].

第4章

中国碳达峰碳中和的意义

中国人口众多、气候条件复杂、生态环境整体脆弱，是全球气候变化敏感区之一，也是受气候变化负面影响最严重的地区之一。中国实现碳中和，将有利于防范灾害性气候"黑天鹅"风险、化解气候变化"灰犀牛"风险，能够在一定程度上降低气候变化造成的损失。同时，实现碳中和，意味着一个以化石能源为主支持发展的时代终结，一个向非化石能源过渡的时代来临。

实现碳中和首先要在某些领域实现碳达峰，即排放达到上限，不再增多。特别是要在钢铁、石化行业和工业生产、燃煤企业等行业领域率先开展碳达峰行动。21世纪将成为碳中和世纪。煤炭将很少被使用，太阳能、风能、核能等清洁能源将成为主力军。当人们出行时，无论乘车、坐飞机还是坐轮船，其动力将主要来自电能、生物质燃油或者氢燃料，而不是汽油或者煤油。届时，人们将呼吸到更清洁的空气，生活方式将更加低碳。实现碳中和与每个公民都息息相关，必须人人参与，坚决做到能选择公共交通工具就不开车，尽量减少浪费，学会垃圾分类等。

对实现碳达峰碳中和重要意义的科学认识是习近平总书记关于实现碳达峰碳中和重要论述的逻辑起点。正是基于对实现碳达峰碳中和重要意义的科学研判，习近平多次从历史、现实和未来角度阐述我国要如期实现碳达峰碳中和。

4.1　改善历史遗留问题的意义

1.碳达峰碳中和是医治"工业革命创伤"的有效举措

人类社会发展历史表明，"生态兴则文明兴、生态衰则文明衰"。工业革命以来，由于温室气体大量排放造成了冰川融化、海平面上升、全球荒漠化、极端天气频繁出现等问题。这表明传统工业化、城镇化和现代化的高碳发展模式已经走进了死胡同。当前，简约生活、清洁生产、绿色发展等就是人们反思传统发展模式的新成果，并催生了能源变革、产业变革、生产方式变革、空间格局调整。这是人类社会医治"工业革命创伤"、应对气候变化挑战的理性选择。习近平高度重视实现碳达峰碳中和对人类文明进步和发展方式转变的重要意义，强调"实现'双碳'目标，不是别人让我们做，而是我们自己必须要做"。

2.碳达峰碳中和是改善人民生态环境的现实需要

我国长期以煤炭为主的能源结构、以重化工为主的产业结构给环境保护和治理带来了严峻挑战，制约了人民群众生产生活环境的改善。习近平指出，推进碳达峰碳中和工作是"满足人民群众日益增长的优美生态环境需求"的迫切需要。推进碳达峰碳中和工作，用清洁能源替代化石能源、推动产业结构的绿色低碳化，能够有效减少大气污染物排放，改善人民群众的生产生活环境。与此同时，推进碳达峰碳中和工作，在我国中西部的沙漠、戈壁、荒漠地区"规划建设大型风电光伏基地项目"还能够有效解决这些地区产业匮乏、经济落后、生态脆弱等问题，不断提高欠发达地区人民的生活质量，促进区域协调发展和全体人民共同富裕。

4.2　社会发展的意义

1.碳达峰碳中和是高质量发展的内在要求

"十四五"是全面建设社会主义现代化国家新征程的起点，立足新发展阶段，贯彻新发展理念，构建新发展格局，坚定不移推动高质量发展成为中国经济中长期发展的主线。中国明确碳达峰碳中和目标愿景，这为中国经济社会发展全面绿色转型指明了方向，为全球应对气候变化共同行动贡献了关键力量。

作为 2020 年唯一实现经济正增长的主要经济体，中国担负引领世界经济"绿色复苏"的大国重任。2015 年应对气候变化的《巴黎协定》的签订，开启了人类携手共同应对气候变化的新篇章。《巴黎协定》规定，2020 年是各缔约方更新国家自主贡献目标和通报面向 21 世纪中叶的长期温室气体低排放发展战略的关键一年。在后疫情时代，通过全方位低碳转型实现"绿色经济复苏"越来越成为广泛共识。中国提出碳达峰碳中和目标愿景向其他国家发出了明确的信号，为全球应对气候变化和绿色复苏注入了新的活力。碳达峰碳中和目标愿景的提出将中国的绿色发展之路提升到新的高度，成为中国未来数十年内社会经济发展的主基调之一。

近年来，中国正在寻求更具可持续性、包容性和韧性的经济增长方式，碳达峰碳中和目标愿景要求中国建立健全绿色低碳循环发展的经济体系，建立清洁、低碳、高效、安全的现代化能源生产和消费体系。总体而言，中国在经济基础、思想认识和技术保障等方面，已经具备了实现 2030 年前碳排放达峰的客观条件。截至 2019 年底，中国碳强度较 2005 年下降 48.1%，非化石能源占能源消费比重达 15.3%，提前完成中国政府在哥本哈根气候变化大会上作出的自主减排承诺。"十四五"期间，中国将加快发展方式绿色转型，单位国内生产总值能耗、二氧化碳排放分别降低 13.5%、18%，只有尽早实现碳达峰，才能为实现碳中和目标打好基础。

2. 碳达峰碳中和是深入贯彻习近平生态文明思想、推动经济社会高质量发展的有效途径

党的十八大以来，以习近平同志为核心的党中央高度重视生态文明建设，提出一系列新理念、新思想、新战略、新要求，形成习近平生态文明思想，指导我国生态环境保护发生历史性、转折性、全局性变化。"十四五"时期，我国生态文明建设进入了以降碳为重点战略方向、推动减污降碳协同增效、促进经济社会发展全面绿色转型、实现生态环境质量改善由量变到质变的关键时期。推进碳达峰碳中和，坚定不移走生态优先、绿色低碳的高质量发展道路，加快形成节约资源和保护环境的产业结构、生产方式、生活方式、空间格局，将为我国在 2035 年基本实现社会主义现代化、21 世纪中叶建成富强民主文明和谐美

丽的社会主义现代化强国奠定坚实基础。

3. 碳达峰碳中和是中华民族永续发展的根本保证

习近平指出，实现碳达峰碳中和"事关中华民族永续发展"，要"拿出抓铁有痕的劲头"，确保如期实现碳达峰碳中和目标。推进碳达峰碳中和工作能够有效促进生产生活领域节能降碳，能够发展和完善国家生态治理体系和治理能力现代化，进而推进中国特色社会主义生态文明制度走向成熟。党的十九大提出，到 2035 年美丽中国目标基本实现，到 21 世纪中叶建成富强民主文明和谐美丽的社会主义现代化强国。实现碳达峰碳中和时间表同美丽中国建设进程一致，并且相辅相成、相互促进。只有如期实现碳达峰碳中和，才能不断推动社会主义生态文明建设发展，确保建成社会主义现代化强国和实现中华民族伟大复兴。

4.3 能源安全与生态环保的意义

实现碳达峰碳中和是我国贯彻新发展理念，推动高质量发展的必然要求。我国对全世界宣布碳达峰碳中和目标，除了响应《巴黎协定》约定，积极应对气候变化，彰显大国责任和担当外，还在加速我国经济和能源转型方面具有高瞻远瞩的战略意义。

1. 摆脱能源依赖，保障能源安全

能源安全是国家安全的重要组成部分，我国现在仍处于并将长期处于工业化时代，能源对我国具有不可替代的重要作用。能源是维护国家安全的重要保障，是经济繁荣发展和社会进步的重要推动力量，是生态文明建设和可持续发展的重要支撑，是提高国家竞争力、增加社会财富，保障并提高人民生活质量的重要基础。

我国石油、天然气对外依存度很高，大力发展清洁可再生能源，可以降低我国能源对外依存度，提高能源自给能力，保障国家能源供给安全。基于石油和天然气的主体能源体系、科技体系、经贸体系和运输体系长期以来都由西方国家主导，极容易被西方反华势力作为打压我国经济发展的撒手锏。化石能源不仅可保障日常能源供应，而且是重要的化工原材料和极为重要的战略资源储备。多开发、多使用一些可再生能源，就能为我国多储备一些宝贵的、不可再生的化石能源，减少一些进口环节的外部风险。从能源供给安全角度看，发展清洁可再生能源将有效提升我国经济发展抵御海外能源市场波动风险的能力。

我国能源及化工产业长期依赖煤炭，通过发展清洁可再生能源，加快掌握不同类型能源的关键核心技术，确保对能源及工业体系的完全控制，是保障国家经济整体安全的关键。当前，我国已经在化石能源开发利用领域取得了令世界瞩目的发展成就，如我国超超临界火电机组、煤化工、石油化工等很早就已经具备世界领先水平。在水电以外的清洁可再生能源领域，我国仍然需要不断加快突破关键核心技术，全力实现从规模引领到技术引领。一旦清洁可再生能源相关关键核心技术被西方国家优先掌握并形成垄断优势，特别是如果核心部件、关键设计软件和控制系统依赖国外，我国能源产业的转型发展将会受制于人，被人"卡脖子"。

2. 加速构建我国清洁低碳、安全高效能源体系

构建清洁低碳、安全高效的能源体系，清洁低碳是基础，安全高效是核心。我国的能源形式必须多元化、结构化，传统化石能源要清洁化、低碳化，清洁可再生能源要规模化、经济化，能源传输和储能要数字化、智能化，用电终端要安全化、高效化。我国能源清洁化的重点是煤炭等传统化石能源要加快实现清洁化利用；能源的低碳化主要通过大力发展可再生能源对化石能源的替代来实现；能源的安全化主要通过加快突破清洁可再生能源的关键核心技术，不断完善能源供给侧的多元化结构，不断降低化石能源对外依存度来实现；能源的高效化主要通过降低化石能源在一次能源中的比重和发展智能电网、储能装置和电能替代等方式实现。根据我国的能源资源禀赋和发展格局现状，我国清洁可再生能源当前发展应当在西南大水电、西北光伏、沿海风电等领域集中发力，并形成集中高效规模化开发模式。

加快推进清洁能源替代和电能替代，从源头上消除化石能源作为一次能源所产生的碳排放，是实现碳达峰碳中和目标的治本之策。目前，我国化石能源占一次能源比重为85%，占全社会碳排放总量的近90%。清洁替代即在能源生产环节以清洁能源替代化石能源发电，加快形成以清洁能源为主体的能源供应体系。电能替代即在能源消费环节以清洁电能替代煤炭、石油和天然气，不断降低化石能源在一次能源中的比重，培养全社会

的绿色、低碳用电需求、用电习惯，加快形成以清洁电能为社会主体能源的能源生产和消费体系。

3. 维护国家生态安全，构建生态安全屏障

大力发展清洁可再生能源，减少污染物排放、降低化石能源生产消费带来的环境问题，是维护国家生态安全、构建生态安全屏障的关键。生态问题是系统性问题，解决系统性问题必须首先解决结构性问题，构建合理的能源结构是破题的关键。保持生态系统的长期稳定和功能正常，是我国从工业文明走向生态文明建设的关键，任何生态环境问题都会演化为社会问题、发展问题和资源问题，并最终发展成为国家安全问题。只有高度重视和努力实施生态安全工作，才能构建起牢不可破的生态安全屏障，确保国家能够持久繁荣、永续发展。

(1) 保障国家的可持续发展

生态环境是人类赖以生存和发展的基础，它与经济发展、社会进步、人民福祉密切相关。构建生态安全屏障可以避免生态环境的恶化和破坏，维护生态系统的稳定和健康，确保资源的可持续利用。只有拥有良好的生态环境，国家才能实现经济的可持续发展，避免因环境污染而带来的一系列经济损失和社会问题。

(2) 保护人民的生命健康

环境污染、生态破坏会对人体健康产生严重威胁，如空气污染导致呼吸道疾病增加、水质污染引发水源安全问题、土壤污染导致农产品安全问题等。维护生态安全屏障，意味着保护人们的生命安全，提升全民的生活质量，让人民能够生活在一个洁净、健康、舒适的环境中。

(3) 增强国家的综合国力和国际影响力

生态环境直接关系到一个国家的形象和声誉，它体现了一个国家的文明程度、发展水平和治理能力。一个国家拥有良好的生态环境会得到更多国际社会的认可和尊重，能够在国际事务中发挥更大的影响力。相反，一个国家的生态环境恶化会引发国际社会的担忧和批评，对其形象和利益造成巨大损害。因此，维护国家生态安全不仅是国内发展的需要，也是国际交往的需要。

(4) 对后代子孙的责任和担当

生态环境的恶化不仅会对当代人民造成伤害，也会影响未来几代人的生活质量和福祉。我们有责任保护好自然资源，为后代子孙创造一个美好的家园。只有将国家生态环境治理好，才能让后代子孙继续享受自然赐予的美好风光，让生态延续下去。

参考文献

[1] 新华社.习近平在中共中央政治局第三十六次集体学习时强调　深入分析推进碳达峰碳中和工作面临的形势任务　扎扎实实把党中央决策部署落到实处［N］.人民日报，2022-01-26(1).

[2] 新华社.习近平主持召开中央财经委员会第九次会议强调　推动平台经济规范健康持续发展　把碳达峰碳中和纳入生态文明建设整体布局［N］.人民日报，2021-03-16(1).

第二篇

政策行动

第5章

国外政策

全球走向碳中和之路经历了诸多坎坷。1997 年《京都议定书》就以法规的形式限制温室气体排放，但此后美国宣布退出；2009 年的《哥本哈根协议》草案未获通过，使得全球气候治理一度陷入僵局；2016 年生效的《巴黎协定》重聚共识，提出了在 21 世纪末将地球表面的温升与工业化较之前控制在 2 摄氏度并为控制在 1.5 摄氏度以内而努力的总体目标。从《联合国气候变化框架公约》到《巴黎协定》的碳中和如图 5-1 所示。

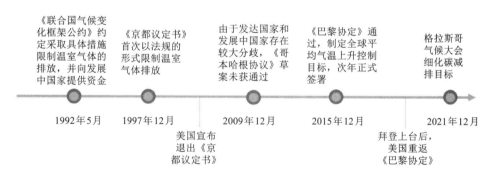

图 5-1　从《联合国气候变化框架公约》到《巴黎协定》的碳中和

国际社会的普遍做法是运用法治手段来推进碳达峰碳中和。目前，已有一百多个国家承诺实现碳中和目标，其中许多国家和地区甚至已经将达标时间和措施明确化。一些国家和地区已经制定了气候变化(相关)法律法规来为实现碳中和提供法律保障。

5.1 欧盟政策

欧盟是应对全球气候变化领域的引领者，早在 2018 年就提出到 2050 年实现碳中和目标的零碳愿景。2019 年，欧盟发布《欧洲绿色协议》，制定了碳达峰碳中和总体规划和路线图，并提出经济向可持续发展转型的七大路径。2020 年 5 月，欧盟通过《欧洲气候法》提案，提出 2030 年温室气体较 1990 年减排 55% 的目标。2021 年 7 月，欧盟又发布了"减碳 55"一揽子计划，涉及立法提案 12 个，为推进绿色低碳转型提供了完善的政策依据。值得强调的是，德国、法国作为欧盟巨头，在实现碳达峰碳中和道路上先行先试，积累了许多先进经验，值得学习和借鉴。

1.欧盟"双碳"政策主要特点

第一，政策框架完善。欧盟"双碳"政策体系经过多年的发展，已经较为完善，在具体碳减排目标路线和时间节点的基础上，通过立法、战略方案等形式，为碳减排目标的达成提供具体实施路径。

第二，强调科技创新。碳达峰碳中和目标的实现需要大力推进科技创新，从而在现有发展基础上升级为低碳发展模式。欧盟围绕可再生能源、生产脱碳工艺、智能管理系统、氢能、电动汽车智能感知部件等关键技术，形成了短期、中期、远期的科技创新研发布局体系。

第三，配备完善的财政金融保障措施。不论是科技研发，还是能源替代，要完成既定的"双碳"目标，需要积极有效的财政金融政策。欧盟配套出台相应的财政支持和投融资计划，为相关产业发展和技术升级提供资金保障。

2.欧盟"双碳"政策主要框架

欧盟"双碳"政策框架以关键行业减排政策为主，科技研发、金融政策为支撑（表 5-1），主要从七个方面构建并完善"双碳"政策框架：一是将 2030 年二氧化碳减排目标从 50%~55% 提高到 60%；二是修订相关气候法规条例，为"双碳"目标实现提供法律约束；三是基于《欧洲绿色协议》与行业战略，统筹协调欧盟委员会的所有政策措施；四是提升数字化管理水平，构建数字化的智能管理体系；五是持续完善欧盟碳排放交易体系，将碳配额分配方式与碳价机制有机结合；六是构建公正的转型机制，确保"双碳"政策作用于每一个减碳主体；七是对绿色预算进行标准化管理，确保绿色预算管理有序合规。

表 5-1　欧盟主要碳中和政策与战略计划

类别		文件名	发布时间	主要内容
政策框架	法律	《欧洲气候法》	2020 年 3 月 4 日	提出具有法律约束力的目标，并提出 6 个主要步骤
	路径	《欧洲绿色协议》	2019 年 12 月 11 日	提出欧盟迈向气候中立的行动路线图和七大转型路径
		"减碳 55" 一揽子计划	2021 年 7 月 14 日	通过 9 条提案，以实现 2030 年温室气体排放量比 1990 年至少下降 55% 为目标
关键行业措施	能源	《推动气候中性经济：欧盟能源系统一体化战略》	2020 年 7 月 8 日	提出具体的能源政策和立法措施。确定六大支柱，提出解决能源系统障碍的具体措施
	工业	《我们对人人共享清洁地球愿景：工业转型》	2018 年 11 月 29 日	描绘工业转型愿景，授权各行业通过出台相关政策、支持工业转型，保持欧盟的工业领先地位
	交通	《可持续交通·欧洲绿色协议》	2019 年 12 月 11 日	提出 4 个关键行动，旨在到 2050 年将欧盟交通运输排放量减少 90%
	林业	《欧盟 2030 年新森林战略》	2021 年 7 月 16 日	提出森林发展愿景和具体的行动计划
科技布局	研发布局	"欧洲可持续投资计划"	2019 年 12 月 11 日	在未来 10 年调动至少 1 万亿欧元，支持《欧洲绿色协议》的融资计划
		创新基金	2020 年 6 月 15 日	2020—2030 年提供约 200 亿欧元资金，用于创新低碳技术的商业示范
		"LIFE 计划"（LIFE Programme）下的环境与气候行动	2018 年 10 月 25 日	调动 4307 亿欧元，资助 6 类 142 个新的环境与气候行动项目
		《欧洲绿色协议》研发招标	2020 年 9 月 22 日	调动 1 亿欧元资金，招标能源、建筑、交通等 11 个领域创新型研发项目
		创新基金运行的补充指令	2019 年 2 月 26 日	到 2030 年，将部署具有广泛技术代表性和地理覆盖面的应用型创新项目

续表5-1

类别		文件名	发布时间	主要内容
财政与金融措施	财政、税收与补贴	《多年期财政框架（2021—2027 年）》	2021 年1 月 1 日	提出 10 条财政与金融举措，在气候与环境方面投资至少 1080 亿欧元
		《地球行星行动计划》	2017 年12 月 12 日	提出 10 项投资转型举措，巩固欧盟在应对气候变化中的国际领导地位
		能源现代化基金	2020 年7 月 9 日	2021—2030 年从碳排放交易体系拨款约 40 亿欧元，投资能源现代化
		《推动气候中性经济：欧盟能源系统一体化战略》	2020 年7 月 8 日	修订《能源税收指令》，使各行业税收与欧盟环境和气候政策保持一致，并逐步取消直接化石燃料补贴
	碳排放交易体系与碳价机制	《推动气候中性经济：欧盟能源系统一体化战略》	2020 年7 月 8 日	将碳排放交易体系扩展到新行业，在能源部门和成员国之间提供更加一致的碳价格信号
		"减碳 55"一揽子计划	2021 年7 月 14 日	兼顾公平性，完善碳排放交易体系，实现到 2030 年碳排放交易体系覆盖行业的碳排放量比 2005 年减少 60%

3. 欧盟主要国家的政策

德国、法国、瑞典等欧盟国家在实现碳达峰碳中和道路上先行先试，积累了许多先进经验，值得学习和借鉴。

德国在应对气候变化问题上走在全球前列，于 1990 年已经实现碳达峰。2019 年，德国颁布《气候保护法》，提出 2050 年实现碳中和的目标，明确了能源、工业、建筑、交通、农林等不同经济部门在 2020—2030 年的刚性年度减排目标。2020 年，德国出台《气候保护计划 2030》，构建了包括减排目标、措施、效果评估在内的法律机制，并确立了六大重点领域的减排目标。2021 年，德国修订了《德国联邦气候保护法》，提出了更加严苛的排放目标，将实现碳中和目标的时间点提前到 2045 年，同时将 2030 年温室气体减排目标提高到 65%。

法国是巴黎协定的主要牵头国家，于 2015 年首次提出"国家低碳战略"，颁布了《绿色增长能源转型法》，公布了绿色增长与能源转型计划。法国较早采用"碳预算"的国家之一，通过明确温室气体排放上限确保减排进展的可见度。2020 年，法国颁布《国家低碳战略》法令，明确 2050 年实现碳中和目标，并先后出台建筑、农林业、废弃物等领域若干配套政策措施，为产业结构调整、高耗能材料替代、能源循环利用等低碳目标保驾护航。此外，《多年能源规划》(PPE)、《法国国家空气污染物减排规划纲要》等政策，也为法国实现节能减排、促进绿色增长提供了有力保障。

瑞典气候新法于2018年初生效，该法为温室气体减排制定了长期目标：在2045年前实现温室气体零排放，在2030年前实现交通运输部门减排70%。该法从法律层面规定了每届政府的减排义务，即必须着眼于瑞典气候变化总体目标来制定相关的政策和法规。

5.2 英国政策

在应对全球气候变化、实现碳中和的目标上，英国一直非常积极，已经通过了一系列的承诺和改革举措，在该领域保持世界领先地位，具体如图5-2所示。2008年，英国颁布了全球首个确立"净零排放"目标的法律《气候变化法》，发布了全球首个碳中和规范，一方面，以清洁增长作为现代工业战略的核心，通过限制高碳排放行业发展来降低碳消费量；另一方面，出台一系列税收优惠政策，引导企业发展低碳生产技术，培养公民低碳意识。

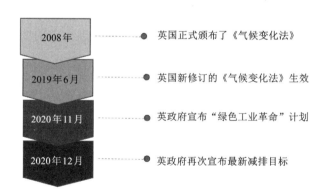

2008年	● 英国正式颁布了《气候变化法》
2019年6月	● 英国新修订的《气候变化法》生效
2020年11月	● 英政府宣布"绿色工业革命"计划
2020年12月	● 英政府再次宣布最新减排目标

图5-2 英国碳中和举措

2019年6月，英国颁布了修订后的《气候变化法》，正式确立2050年实现温室气体"净零排放"的目标，明确了气候治理路线图，设立了基于公民的信用碳排放账户。2020 年，英国发起涵盖新一代核能研发等 10 个技术领域的"绿色工业革命"计划，带动 120 亿英镑的政府投资和新增 25 万个就业岗位。英国正式脱欧后，还通过"气候变化外交"提升国际地位，并在全球领导人气候峰会上提出 2035 年碳排放水平较 1990 年降低 78% 的发达国家"最大幅度减排目标"。

5.3　美国政策

美国作为一个碳排放大国，其碳排放量在全球占比 15% 左右，但受政治因素影响，美国不同党派的气候政策差距明显。克林顿担任总统期间，于 1997 年签署了《京都议定书》。布什担任美国总统期间，于 2001 年宣布退出《京都议定书》。奥巴马担任总统期间，于 2005 年出台《新能源法案》《美国清洁能源与安全法案》，把削减温室气体排放纳入法律框架。特朗普担任总统期间，于 2017 年宣布退出《巴黎协定》。2021 年拜登就任美国总统后立即宣布重返《巴黎协定》，并就减少碳排放提出了若干新政策。

最新目标。到 2035 年，向可再生能源过渡以实现无碳发电；到 2050 年实现碳中和，这是美国在气候领域提出的最新目标。

具体措施。为了实现美国的"35/50"碳中和目标，拜登政府计划投资 2 万亿美元于基础设施、清洁能源等重点领域。

总的来看，美国社会对应对气候变化、推进碳中和仍然有着诸多共识。气候问题也经常成为美国对外博弈的重要手段。美国在不同政府执政期间，不断推进技术革命、产业发展的方向始终没有改变。比如，备受瞩目的《零碳排放行动计划》(ZCAP)，从推广零碳排放技术、建立清洁能源经济、优化产业政策和开展气候外交四个方面，助推美国 2050 年实现碳中和目标。

5.4　澳大利亚政策

澳大利亚政府对温室气体减排并不积极，其气候政策也处在摇摆不定中。直到 2007 年澳大利亚政府才签署《京都议定书》。

自 2018 年 8 月莫里森任职总理后，澳大利亚气候政策主要表现如图 5-3 所示。

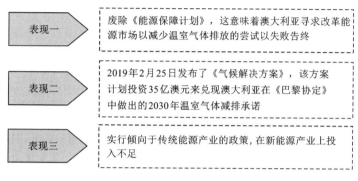

表现一　废除《能源保障计划》，这意味着澳大利亚寻求改革能源市场以减少温室气体排放的尝试以失败告终

表现二　2019 年 2 月 25 日发布了《气候解决方案》，该方案计划投资 35 亿澳元来兑现澳大利亚在《巴黎协定》中做出的 2030 年温室气体减排承诺

表现三　实行倾向于传统能源产业的政策，在新能源产业上投入不足

图 5-3　澳大利亚气候政策主要表现

5.5　日本政策

日本由于工业化进程较西方发达国家晚，所以在推进气候立法、实施碳中和目标方面也晚于欧美。1997—2011 年，日本先后出台《关于促进新能源利用措施法》《新能源利用的措施法实施令》《面向低碳社会的十二大行动》《绿色经济与社会变革》《全球气候变暖对策基本法》等一系列法律法规，为应对气候问题、发展绿色经济提供了法律依据。

2020 年，日本发布《绿色增长战略》，明确 2050 年实现碳中和与构建"零碳社会"的目标，通过绿色投资鼓励海上风电等 14 个行业创新发展，通过标准化改革、税收减免等多种手段为绿色转型提供支持。2021 年，日本将《绿色增长战略》升级为《2050 碳中和绿色增长战略》，对原有重点发展产业进行调整，形成了海上风电、太阳能、地热、新一代热能等全新的 14 个碳中和战略产业体系。

5.6 其他国家政策

其他各国碳中和的目标分别见表 5-2。

表 5-2 其他各国碳中和的目标

国家	目标日期	承诺性质	具体说明
奥地利	2040 年	政策宣示	奥地利联合政府承诺在 2040 年实现气候中立，在 2030 年实现 100% 清洁电力，并以约束性碳排放目标为基础
加拿大	2050 年	法律规定	加拿大政府于 2020 年 11 月 19 日提出法律草案，明确要在 2050 年实现碳中和
智利	2050 年	政策宣示	皮涅拉总统于 2019 年 6 月宣布智利努力实现碳中和；2020 年 4 月，智利政府向联合国提交了一份强化的中期承诺，重申了长期目标，已经明确在 2024 年前关闭 8 座燃煤电厂，并在 2040 年前逐步淘汰煤电
不丹	目前为碳负，并在发展过程中实现碳中和	《巴黎协定》下的自主减排方案	不丹人口不到 100 万，收入低，周围有森林和水电资源，平衡碳账户比大多数国家容易，但经济增长和对汽车的需求不断增长，正给碳排放增加压力
哥斯达黎加	2050 年	提交联合国	总统奎萨达于 2019 年 2 月制定了一揽子气候政策，12 月向联合国提交了计划，确定 2050 年碳净排放量为零
丹麦	2050 年	法律规定	丹麦政府在 2018 年制定了到 2050 年建立"气候中性社会"的计划，该计划确定从 2030 年起禁止销售新的燃油汽车，支持电动汽车

续表5-2

国家	目标日期	承诺性质	具体说明
斐济	2050 年	提交联合国	斐济向联合国提交了一份气候变化计划,目标是在所有经济部门实现"净零排放"
芬兰	2035 年	政策宣示	芬兰的五个政党于 2019 年 6 月同意加强该国的气候法,2020 年 2 月,芬兰政府宣布,芬兰计划在 2035 年成为世界上第一个实现碳中和的国家
匈牙利	2050 年	法律规定	匈牙利在 2020 年 6 月通过的气候法中承诺到 2050 年实现碳中和
冰岛	2040 年	政策宣示	冰岛政府于 2018 年通过并开始实施《气候行动计划(2018—2030)》,该计划的目标:在 2030 年禁售新的燃油汽车,在 2040 年前完全实现碳中和,到 2050 年,化石燃料将逐步淘汰
爱尔兰	2050 年	执政党联盟协议	爱尔兰的三个政党在 2020 年 6 月敲定的一项联合协议中,同意在法律上设定 2050 年的"净零排放"目标,在未来十年内每年减排 7%
马绍尔群岛	2050 年	提交联合国	马绍尔群岛在 2018 年 9 月提交联合国的最新报告提出了到 2050 年实现"净零排放"的愿望
新西兰	2050 年	法律规定	新西兰议会于 2020 年 12 月 2 日通过议案,宣布国家进入气候紧急状态,承诺实现以下目标:2025 年公共部门将实现碳中和,2050 年全国整体实现碳中和

续表5-2

国家	目标日期	承诺性质	具体说明
挪威	2050 年	政策宣示	挪威议会是世界上较早讨论气候碳中和问题的议会之一,其目标为:在 2030 年通过国际抵消实现碳中和,2050 年在国内实现碳中和,但这个承诺只是挪威的政策意向,而不是一个有约束力的气候法
葡萄牙	2050 年	政策宣示	葡萄牙政府承诺到 2050 年实现碳中和的目标,葡萄牙于 2018 年 12 月发布了一份实现"净零排放"的路线图,概述了运输、能源、废弃物、森林、农业战略
新加坡	21 世纪下半叶	提交联合国	新加坡国务资政兼国家安全统筹部长于 2020 年 2 月 28 日在国会上表示:新加坡的碳排放量将在 2030 年前后达到每年 6500 万公吨的顶峰水平,2050 年将在此基础上减少一半,并将在 21 世纪下半叶,实现"净零排放"
斯洛伐克	2050 年	提交联合国	斯洛伐克是第一批正式向联合国提交长期战略的欧盟成员国之一,其目标是在 2050 年实现碳中和
南非	2050 年	政策宣示	南非政府于 2020 年 9 月公布了低排放发展战略(LEDS),承诺到 2050 年实现"净零排放"的目标
韩国	2050 年	政策宣示	韩国总统于 2020 年 10 月 28 日在国会发表演讲时宣布:韩国将在 2050 年前实现碳中和,能源供应将从煤炭转向可再生能源

续表5-2

国家	目标日期	承诺性质	具体说明
西班牙	2050 年	法律草案	西班牙政府于 2020 年 5 月向议会提交了气候框架法案草案，设立了委员会来监督碳排放进展情况，并立即禁止颁发新的煤炭、石油和天然气勘探许可证
瑞士	2050 年	政策宣示	瑞士联邦委员会于 2019 年 8 月 28 日宣布，计划在 2050 年前实现"净零排放"，并深化了《巴黎协定》规定的减排 70%～85% 的目标
乌拉圭	2030 年	《巴黎协定》下的自主减排承诺	根据乌拉圭提交联合国公约的国家报告，预计到 2030 年，该国将成为净碳汇国

第 6 章

国内政策

我国是全球最大的碳排放国。应对气候变化事关国内、国际两个大局，事关全局和长远发展，是推动经济高质量发展和生态文明建设的重要抓手，是参与全球治理和坚持多边主义的重要领域。我国从中央到地方已经开始紧锣密鼓地出台相应的政策，对碳达峰碳中和这一工作制定了目标与具体的实施计划。

6.1 国内已出台的相关法规政策

1. 中央层面

2020 年 9 月 22 日，在第 75 届联合国大会上，习近平主席向国际社会做出庄严承诺，中国力争二氧化碳排放 2030 年前达到峰值、2060 年前实现碳中和。

2020 年 10 月 29 日，中国共产党十九届五中全会通过的《中共中央关于制定国民经济和社会发展第十四个五年规划和二〇三五年远景目标的建议》提出，到 2035 年，广泛形成绿色生产生活方式，碳排放达峰后稳中有降，生态环境根本好转，美丽中国建设目标基本实现。"十四五"期间，我国加快推进绿色低碳发展的具体要求如图 6-1 所示。

2020 年 12 月 16 日至 18 日，中央经济工作会议举行。会议将做好碳达峰碳中和工作作为 2021 年八大重点任务之一，要求抓紧制定 2030 年前碳排放达峰行动方案，支持有条件的地方率先达峰。要加快调整优化产业结构、能源结构，推动煤炭消费尽早达峰，大力发展新能源，加快建设全国用能权、碳排放权交易市场，完善能源消费双控制度。要继续打好污染防治攻坚战，实现减污降碳协同效应。要开展大规模国土绿化行动，提升生态系统碳汇能力。

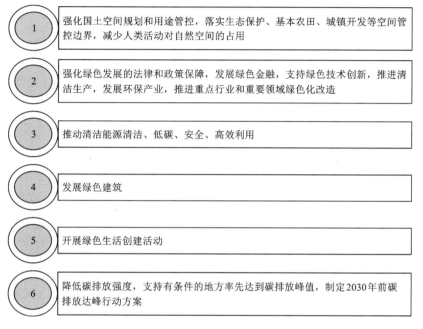

1　强化国土空间规划和用途管控，落实生态保护、基本农田、城镇开发等空间管控边界，减少人类活动对自然空间的占用

2　强化绿色发展的法律和政策保障，发展绿色金融，支持绿色技术创新，推进清洁生产，发展环保产业，推进重点行业和重要领域绿色化改造

3　推动清洁能源清洁、低碳、安全、高效利用

4　发展绿色建筑

5　开展绿色生活创建活动

6　降低碳排放强度，支持有条件的地方率先达到碳排放峰值，制定2030年前碳排放达峰行动方案

图 6-1　加快推进绿色低碳发展的具体要求

2. 部委层面

（1）生态环境部

①生态环境部出台了一系列全国碳排放权交易管理政策。

生态环境部办公厅于 2020 年 12 月 30 日正式发布《关于印发〈2019—2020 年全国碳排放权交易配额总量设定与分配实施方案（发电行业）〉〈纳入 2019—2020 年全国碳排放权交易配额管理的重点排放单位名单〉并做好发电行业配额预分配工作的通知》。这一通知同时要求各省级生态环境主管部门按照要求于 2021 年 1 月 29 日前提交发电行业重点排放单位配额预分配相关数据表。这些信号彰显了主管部门贯彻落实中央经济工作会议部署、做好碳达峰碳中和工作的决心。

2021 年 1 月 5 日，生态环境部发布《碳排放权交易管理办法（试行）》

（以下简称《管理办法》），该办法已于 2021 年 2 月 1 日起开始实施。此前，生态环境部还印发了《2019—2020 年全国碳排放权交易配额总量设定与分配实施方案（发电行业）》和《纳入 2019—2020 年全国碳排放权交易配额管理的重点排放单位名单》等配套文件。《管理办法》进一步加强了对温室气体排放的控制和管理，为新形势下加快推进全国碳市场建设提供了更加有力的法治保障。

②生态环境部确立了实施碳达峰方案为 2021 年重点任务。2021 年 1 月 21 日，生态环境部在京召开 2021 年全国生态环境保护工作会议。会议强调，2021 年是我国现代化建设进程中具有特殊重要性的一年，编制实施 2030 年前碳排放达峰行动方案是 2021 年要抓好的八大重点任务之一，具体部署如图 6-2 所示。

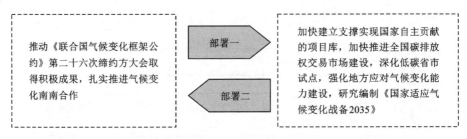

图 6-2　编制实施 2030 年前碳排放达峰行动方案的部署

（2）国家发展和改革委员会

2021 年 1 月 19 日，国家发展改革委举行新闻发布会，表示国家发展改革委将坚决贯彻落实党中央、国务院决策部署，积极推动经济绿色低碳转型和可持续发展。对此，国家发展改革委围绕碳达峰碳中和的中长期目标，制定了相关保障措施，具体如图 6-3 所示。

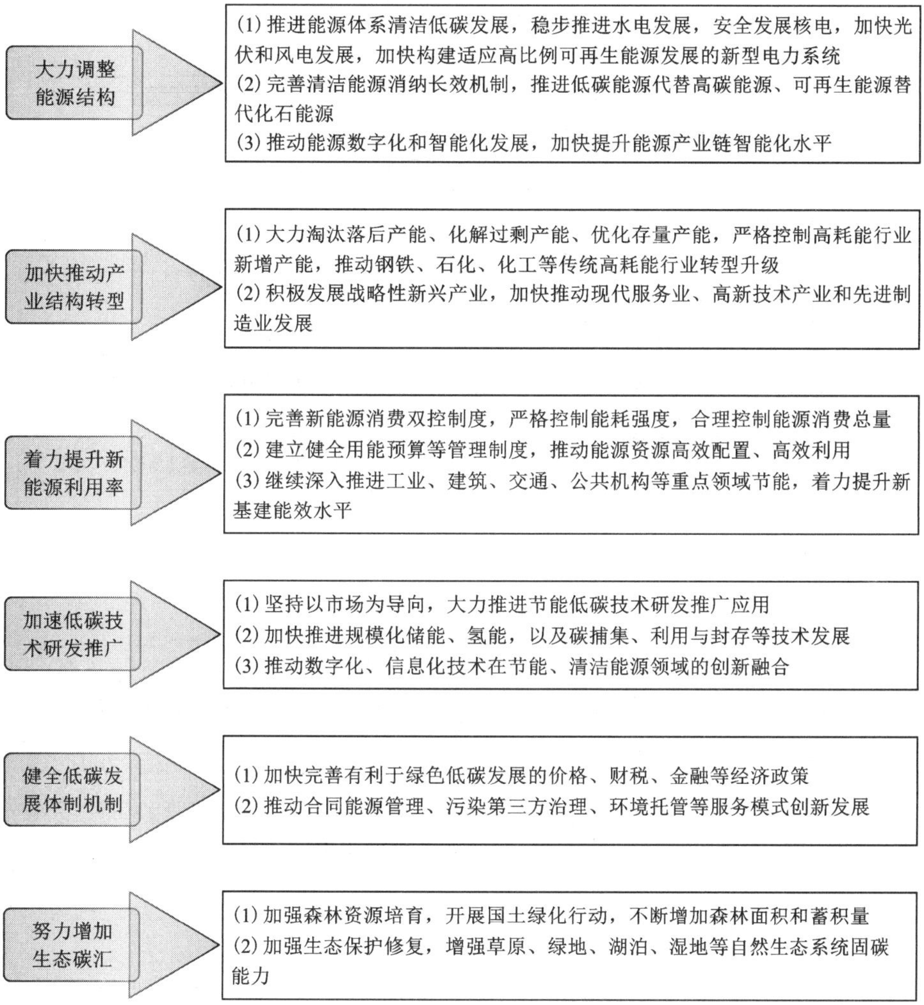

大力调整能源结构	(1)推进能源体系清洁低碳发展，稳步推进水电发展，安全发展核电，加快光伏和风电发展，加快构建适应高比例可再生能源发展的新型电力系统 (2)完善清洁能源消纳长效机制，推进低碳能源代替高碳能源、可再生能源替代化石能源 (3)推动能源数字化和智能化发展，加快提升能源产业链智能化水平
加快推动产业结构转型	(1)大力淘汰落后产能、化解过剩产能、优化存量产能，严格控制高耗能行业新增产能，推动钢铁、石化、化工等传统高耗能行业转型升级 (2)积极发展战略性新兴产业，加快推动现代服务业、高新技术产业和先进制造业发展
着力提升新能源利用率	(1)完善新能源消费双控制度，严格控制能耗强度，合理控制能源消费总量 (2)建立健全用能预算等管理制度，推动能源资源高效配置、高效利用 (3)继续深入推进工业、建筑、交通、公共机构等重点领域节能，着力提升新基建能效水平
加速低碳技术研发推广	(1)坚持以市场为导向，大力推进节能低碳技术研发推广应用 (2)加快推进规模化储能、氢能，以及碳捕集、利用与封存等技术发展 (3)推动数字化、信息化技术在节能、清洁能源领域的创新融合
健全低碳发展体制机制	(1)加快完善有利于绿色低碳发展的价格、财税、金融等经济政策 (2)推动合同能源管理、污染第三方治理、环境托管等服务模式创新发展
努力增加生态碳汇	(1)加强森林资源培育，开展国土绿化行动，不断增加森林面积和蓄积量 (2)加强生态保护修复，增强草原、绿地、湖泊、湿地等自然生态系统固碳能力

图 6-3　国家发展改革委围绕碳达峰碳中和目标工作部署

（3）财政部

财政部也在积极支持应对气候变化。2020 年 12 月 31 日，全国财政工作会议也对应对气候变化相关工作做出了部署，如图 6-4 所示。

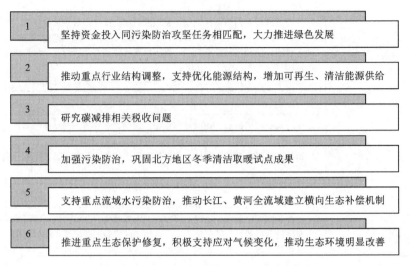

1	坚持资金投入同污染防治攻坚任务相匹配，大力推进绿色发展
2	推动重点行业结构调整，支持优化能源结构，增加可再生、清洁能源供给
3	研究碳减排相关税收问题
4	加强污染防治，巩固北方地区冬季清洁取暖试点成果
5	支持重点流域水污染防治，推动长江、黄河全流域建立横向生态补偿机制
6	推进重点生态保护修复，积极支持应对气候变化，推动生态环境明显改善

图 6-4　财政部应对气候变化工作部署

（4）工业和信息化部

2021 年 1 月 26 日，工业和信息化部在国务院新闻办召开的新闻发布会上表示，钢铁压减产量是落实习近平总书记提出的我国碳达峰碳中和目标任务的重要举措。工业和信息化部与发展改革委等相关部门正在研究制定新的产能置换办法和项目备案的指导意见，逐步建立以碳排放、污染物排放、能耗总量为依据的存量约束机制，实施工业低碳行动和绿色制造工程，确保 2021 年全面实现钢铁产量同比的下降。

（5）国家能源局

2020 年 12 月 21 日，国务院新闻办公室发布《新时代的中国能源发展》白皮书并举行发布会。国家发展改革委党组成员、国家能源局局长章建华在发布会上表示，未来要加大煤炭的清洁化开发利用，大力提升油气勘探开发力度，加快天然气产供储销体系建设，要加快风能、太阳能、生物质能等非化石能源开发利用，还要以新一代信息基础设施建设为契机，推动能源数字化和智能化发展。

（6）中国人民银行

2021 年 1 月 4 日，中国人民银行工作会议部署 2021 年 10 大工作，明确落实碳达峰碳中和是仅次于货币、信贷政策的第三大工作；要求做好政策设计和规划，引导金融资源向绿色发展领域倾斜，增强金融体系管理气候变化相关风险的能力，推动建设碳排放交易市场，为排碳合理定价；逐步健全绿色金融标准体系，明确金融机构监管和信息披露要求，建立政策激励约束体系，完善绿色金融产品和市场体系，持续推进绿色金融国际合作。

3. 地方层面

据不完全统计数据，目前已经有80多个低碳试点城市研究提出达峰目标，其中提出在2025年前达峰的有42个。

在省级层面，上海、福建、海南、青海等地提出在全国达峰之前率先达峰，天津、上海、河北、山西、江苏、安徽、福建、江西、山东、河南、陕西、辽宁、湖北、海南、四川、甘肃、西藏共17个省区市提出2021年将研究、制定实施二氧化碳排放达峰行动方案。各省区市2021年政府工作报告中对实现碳达峰碳中和的详细部署工作见表6-1。

针对不同区域的局势差异，各省区市都有一些特色措施。如黑龙江、江西等地以碳市场建设助力碳达峰碳中和；上海、贵州在公共领域全面推广新能源汽车，推进充电桩、换电站、加氢站建设，倡导低碳绿色出行；山西推动煤矿绿色智能开采，推动煤炭分质分级梯级利用；浙江开展低碳园区建设和"零碳"体系试点；天津加快建设能源互联网，推动构建以电为中心的现代能源体系等。

表6-1 各省区市对碳达峰碳中和的工作部署

序号	省区市	落实碳达峰碳中和的行动方案
01	北京	(1)"十四五"时期，北京生态文明要有明显提升，碳排放稳中有降，碳中和迈出坚实步伐，为应对气候变化作出示范 (2)要加强细颗粒物、臭氧、温室气体协同控制，突出碳排放总量和强度"双控"，明确碳中和时间表、路线图 (3)推进能源结构调整和交通、建筑等重点领域节能，严格落实全域全过程扬尘管控 (4)实施节水行动方案，全市污水处理率达到95.8% (5)加强土地资源环境管理，新增造林绿化15万亩(1亩=666.67平方米)
02	天津	(1)制定实施碳排放达峰行动方案，推动钢铁等重点行业率先达峰和煤炭消费尽早达峰 (2)完善能源消费"双控"制度，协同推进减污降碳，实施工业污染排放"双控"，推动工业绿色转型

续表6-1

序号	省区市	落实碳达峰碳中和的行动方案
03	上海	(1)制定全市碳排放达峰行动计划,着力推动电力、钢铁、化工等重点领域和重点用能单位节能降碳,确保在2025年前实现碳排放达峰 (2)加快产业结构优化升级,深化能源清洁高效利用,进一步提高生态系统碳汇能力,积极推进全国碳排放权交易市场建设,推动经济社会发展全面绿色转型
04	重庆	(1)推动绿色低碳发展,健全生态文明制度体系 (2)构建绿色低碳产业体系,开展二氧化碳排放达峰行动 (3)建设一批零碳示范园区,培育碳排放权交易市场
05	河北	(1)结合生态环境部工作安排,抓紧谋划制定河北省二氧化碳排放达峰行动方案 (2)积极推动河北省碳达峰碳中和战略研究,持续打好污染防治攻坚战 努力实现减污降碳协同效应,把降碳作为推动河北省经济结构、能源结构、产业结构低碳转型的总抓手,实实在在推动绿色低碳发展
06	山西	(1)把开展碳达峰作为深化能源革命综合改革试点的牵引举措,研究制定行动方案 (2)推动煤矿绿色智能开采,推动煤炭分质分级梯级利用,抓好煤炭消费减量等量替代 (3)建立电力现货市场交易体系,完善战略性新兴产业电价机制。加快开发利用新能源 (4)开展能源互联网建设试点 (5)探索用能权、碳排放交易市场建设
07	辽宁	(1)科学编制并实施碳排放达峰行动方案,大力发展风电、光伏等可再生能源,支持氢能规模化应用和装备发展 (2)建设碳交易市场,推进碳排放权市场化交易
08	吉林	(1)推动绿色低碳发展,启动二氧化碳排放达峰行动,加强重点行业和重要领域绿色化改造,全面构建绿色能源、绿色制造体系,建设绿色工厂、绿色工业园区,加快煤改气、煤改电、煤改生物质,促进生产生活方式绿色转型 (2)支持白城建设碳中和示范园区,深入推进重点行业清洁生产审核,挖掘企业节能减排潜力,从源头减少污染排放,发展壮大环保产业 (3)支持乾安等县市建设清洁能源经济示范区,创建一批国家生态文明建设示范市县和"绿水青山就是金山银山"实践创新基地

续表6-1

序号	省区市	落实碳达峰碳中和的行动方案
09	江苏	(1)大力发展绿色产业，加快推动能源革命，促进生产生活方式绿色低碳转型，力争提前实现碳达峰 (2)制定实施二氧化碳排放达峰及"十四五"行动方案，加快产业结构、能源结构、运输结构和农业投入结构调整，扎实推进清洁生产，发展壮大绿色产业，加强节能改造管理，完善能源消费双控制度，提升生态系统碳汇能力，严格控制新上高耗能、高排放项目，加快形成绿色生产生活方式，促进绿色低碳循环发展
10	浙江	(1)启动实施碳达峰行动，开展低碳工业园区建设和"零碳"体系试点 (2)优化电力、天然气价格市场化机制；大力调整能源结构、产业结构、运输结构，非化石能源占一次能源比重提高到20.8%，煤电装机占比下降2个百分点 (3)加快淘汰落后和过剩产能，腾出用能空间180万吨标煤；加快推进碳排放权交易试点
11	安徽	(1)制定实施碳排放达峰行动方案 (2)严控高耗能产业规模和项目数量。推进"外电入皖"，全年受进区外电260亿千瓦时以上 (3)推广应用节能新技术、新设备，完成电能替代60亿千瓦时 (4)推进绿色储能基地建设。建设天然气主干管道160公里，天然气消费量扩大到65亿立方米 (5)扩大光伏、风能、生物质能等可再生能源应用，新增可再生能源发电装机100万千瓦以上 (6)提升生态系统碳汇能力，完成造林140万亩
12	福建	(1)制定实施二氧化碳排放达峰行动方案，支持厦门、南平等地率先达峰，推进低碳城市、低碳园区、低碳社区试点 (2)强化区域流域水资源"双控"。加大批而未供和闲置土地处置力度，推进城镇低效用地再开发 (3)深化"电动福建"建设 (4)实施工程建设项目"绿色施工"行动，坚决打击盗采河砂、海砂行为 (5)大力倡导光盘行动，革除滥食野生动物等陋习，有序推进县城生活垃圾分类，推广使用降解塑料包装 (6)积极创建节约型机关、绿色家庭、绿色学校

续表6-1

序号	省区市	落实碳达峰碳中和的行动方案
13	江西	(1)制定碳达峰行动计划方案,协同推进减污降碳 (2)"十四五"期间,江西省将围绕2030年前二氧化碳排放达峰目标和2060年前实现碳中和的愿景,以"降碳"为抓手,协同推进应对气候变化与生态环境治理,促进经济社会发展绿色转型升级,重点做好以下三项工作:实施碳排放达峰行动计划;大力推进碳市场建设;建立健全应对气候变化管理体系
14	山东	(1)强化源头管控,加快优化能源结构、产业结构、交通运输结构、农业投入结构 (2)完善高耗能行业差别化政策,实施煤炭消费总量控制,推进清洁能源倍增行动,积极推进能源生产和消费革命 (3)发展绿色金融,支持绿色技术创新,大力推进清洁生产和生态工业园区建设,发展壮大环保产业,推进重点行业和领域绿色化改造 (4)推广"无废城市"建设,实现设区市垃圾分类处置全覆盖 (5)开展绿色生活创建活动,推动形成简约适度、绿色低碳的生活方式 (6)降低碳排放强度,制定碳排放达峰行动方案
15	河南	(1)制定碳排放达峰行动方案,探索用能预算管理和区域能评,完善能源消费"双控"制度,建立健全用能权、碳排放权等初始分配和市场化交易机制 (2)加快推动以煤为主的能源体系转型,积极发展可再生能源等新兴能源产业,谋划推进外电入豫第三通道 (3)推动重点行业清洁生产和绿色化改造,推广使用环保节能装备和产品,实施铁路专用线进企入园工程,开展多领域低碳试点创建,提升绿色发展水平
16	湖北	(1)研究制定湖北省碳达峰方案,开展净零碳排放示范区建设 (2)加快建设全国碳排放权注册登记结算系统 (3)大力发展循环经济、低碳经济,培育壮大节能环保、清洁能源产业。推进绿色建筑、绿色工厂、绿色产品、绿色园区、绿色供应链建设 (4)加强先进适用绿色技术和装备研发制造、产业化及示范应用。推行垃圾分类和减量化、资源化利用。深化县域节水型社会达标创建。探索生态产品价值实现机制

续表6-1

序号	省区市	落实碳达峰碳中和的行动方案
17	湖南	(1)发展环境治理和绿色制造产业,推进钢铁、建材、电镀、石化、造纸等重点行业绿色转型,大力发展装配式建筑、绿色建筑 (2)支持探索零碳示范创建 (3)全面建立资源节约集约循环利用制度,实行能源和水资源消耗、建设用地等总量和强度"双控",开展工业固废资源综合利用示范创建,加强畜禽养殖废弃物无害化处理、资源化利用,加快生活垃圾焚烧发电等终端设施建设 (4)抓好矿业转型和绿色矿山、绿色园区、绿色交通建设 (5)倡导绿色生活方式
18	广东	(1)落实国家碳达峰碳中和部署要求,分区域分行业推动碳排放达峰,深化碳交易试点 (2)加快调整优化能源结构,大力发展天然气、风能、太阳能、核能等清洁能源,提升天然气在一次能源中占比 (3)研究建立用能预算管理制度,严控新上高耗能项目。制定更严格的环保、能耗标准,全面推进有色、建材、陶瓷、纺织印染、造纸等传统制造业绿色化低碳化改造。培育壮大节能环保产业,推广应用节能低碳环保产品,全面推行绿色建筑
19	海南	(1)研究制定碳排放达峰行动方案 (2)清洁能源装机比重提升至70%,实现分布式电源发电量全额消纳。推广清洁能源汽车2.5万辆,启动建设世界新能源汽车体验中心 (3)推广装配式建造项目面积1700万平方米,促进部品部件生产能力与需求相匹配 (4)4个地级市垃圾分类试点提升实效,其他市县提前谋划。扩大"禁塑"成果,实现替代品规范化和全流程可追溯 (5)推进热带雨林国家公园建设,完成核心保护区生态搬迁
20	四川	(1)推进国家清洁能源示范省建设,发展节能环保、风光水电清洁能源等绿色产业,建设绿色产业示范基地 (2)促进资源节约集约循环利用,实施产业园区绿色化、循环化改造,全面推进清洁生产,大力实施节水行动 (3)制定二氧化碳排放达峰行动方案,推动用能权、碳排放权交易 (4)持续推进能源消耗和总量强度"双控",实施电能替代工程和重点节能工程 (5)倡导绿色生活方式,推行"光盘行动",建设节约型社会,创建节约型机关

续表6-1

序号	省区市	落实碳达峰碳中和的行动方案
21	贵州	(1)划定落实"三条控制线",实施"三线一单"生态环境分区管控 (2)推进绿色经济倍增计划,创建绿色矿山、绿色工厂、绿色园区 (3)倡导绿色出行,公共领域新增或更新车辆新能源汽车比例不低于80%,加强充电桩建设 (4)实施资源有偿使用和生态补偿制度,推广环境污染强制责任保险制度,健全生态补偿机制,推动排污权、碳排放权等市场化交易
22	云南	(1)争取部省共建国家级绿色发展先行区 (2)持续推进森林云南建设和大规模国土绿化行动,全面推行林长制 (3)促进资源循环利用,为国家碳达峰碳中和做贡献 (4)深入开展污染防治行动 (5)全面推进美丽城乡建设
23	陕西	(1)加快实施"三线一单"生态环境分区管控,积极创建国家生态文明试验区 (2)开展碳达峰碳中和研究,编制省级达峰行动方案 (3)积极推行清洁生产,大力发展节能环保产业,深入实施能源消耗总量和强度"双控"行动,推进碳排放权市场化交易 (4)倡导绿色生活方式,推广新能源汽车、绿色建材、节能家电、高效照明等产品,开展绿色家庭、绿色学校、绿色社区、绿色出行等创建活动
24	甘肃	(1)全面推行林长制 (2)编制甘肃省碳排放达峰行动方案 (3)鼓励甘南开发碳汇项目,积极参与全国碳市场交易 (4)健全完善全省环境权益交易平台 (5)实施"三线一单"生态环境分区管控,对生态环境违法违规问题零容忍、严查处
25	青海	(1)率先建立以国家公园为主体的自然保护地体系 (2)推动生产生活方式绿色转型,大幅提高能源资源利用效率,主要污染物排放总量持续减少,主要城市空气优良天数比例为90%左右 (3)完善生态文明制度体系,建立生态产品价值实现机制,优化国土空间开发保护格局,国家生态安全屏障更加巩固
26	黑龙江	落实城市更新行动,统筹城市规划、生态建设、建设管理,打造"一城山水半城林"的秀美城市新印象

续表6-1

序号	省区市	落实碳达峰碳中和的行动方案
27	内蒙古	(1)加强生态文明建设，全面推行绿色低碳生产生活方式，构筑祖国北疆万里绿色长城 (2)加快生态建设 (3)坚持保护优先、恢复为主，统筹推进山水林田湖草综合整治工程，持续打好污染防治攻坚战 (4)深入创建国家级森林城市，探索实施林长制，稳步推进"四个一"工程建设，加强燃煤锅炉、机动车污染管控，确保大气环境质量$PM_{2.5}$年均值稳定达到国家二级标准，优良天数比例90%以上
28	广西	(1)加强生态文明建设，深入推进污染防治攻坚战，狠抓大气污染防治攻坚，推进漓江、南流江、九洲江、钦江等重点流域水环境综合治理，开展土壤污染综合防治 (2)开展自然灾害综合风险普查，提升全社会抵御自然灾害的综合防范能力 (3)统筹推进自然资源资产产权制度改革，促进自然资源集约开发利用和生态保护修复
29	西藏	(1)编制实施生态文明高地建设规划，研究制定碳达峰行动方案 (2)深入打好污染防治攻坚战。深入实施重大生态工程 (3)深化生态安全屏障保护与建设 (4)持续推进"两江四河"流域造林绿化、防沙治沙等重点工程 (5)加强重点流域水生态保护
30	宁夏	(1)完善区域联防联控机制，推进重点行业超低排放改造，加大老旧柴油货车淘汰，大幅减少重污染天气 (2)实行能源总量和强度"双控"，推广清洁生产和循环经济，推进煤炭减量替代，加大新能源开发利用，实现减污降碳协同效应最大化
31	新疆	(1)深入实施可持续发展战略，健全生态环境保护机制，严禁"三高"项目进新疆，落实最严格的生态保护制度 (2)立足新疆能源实际，积极谋划和推动碳达峰碳中和工作，推动绿色低碳发展 (3)加强生态环境建设，统筹开展治沙治水和森林草原保护，持续开展大气、水污染防治和土壤污染风险管控，实现减污降碳协同效应

6.2 重点行业推进碳达峰碳中和的行动

"二氧化碳排放力争于 2030 年前达到峰值,努力争取 2060 年前实现碳中和"的目标,正在深刻地影响经济大势和产业走向,改变着人们的生活。石油、化工、煤炭、钢铁、电力、汽车、环保、交通等行业,都宣布了各自的碳达峰和碳中和计划和路线图,碳减排目标正在逐渐变为具体行动。

2021 年 1 月 15 日,17 家石油和化工企业、化工园区及中国石油和化学工业联合会在京联合签署并共同发布《中国石油和化学工业碳达峰与碳中和宣言》,这是全国首例以全行业名义宣示碳达峰和碳中和的决心和行动计划。

2020 年 12 月 31 日,工业和信息化部发布《关于推动钢铁工业高质量发展的指导意见(征求意见稿)》,提出进一步深化混合所有制改革,提高产业集中度,进而推进产业结构和布局合理化。2021 年 2 月 10 日,中国钢铁协会发布《钢铁担当,开启低碳新征程——推进钢铁行业低碳行动倡议书》,向钢铁行业提出六点倡议,推进行业碳减排。2021 年 1 月 14 日,冶金工业规划研究院组织召开"钢铁行业碳达峰及降碳专项行动计划研讨会",提出在六个方面加快钢铁行业低碳发展,并汇报《钢铁行业碳达峰及降碳专项行动计划》。

6.3 重点企业有关碳达峰碳中和的实施计划

企业也在积极采取行动,以应对 2030 年前二氧化碳排放达到峰值目标。部分企业碳达峰碳中和目标与行动见表 6-2。

表 6-2 部分企业碳达峰碳中和目标与行动

企业名称	碳达峰碳中和目标与行动
国家电投	计划到 2023 年实现在国内的"碳达峰",截至 2021 年底,该公司清洁能源装机占比就已达到 56.09%

续表6-2

企业名称	碳达峰碳中和目标与行动
华能集团	确保到2025年, 华能低碳清洁能源装机占比超过50%, 未来5年清洁能源装机为8000万~1亿千瓦, 有望在2025年实现碳达峰
大唐集团	提出到2025年非化石能源装机超过50%, 提前5年实现碳达峰
中国海油	(1)已成立由多部门组成的专项研究机构, 展开碳达峰和碳中和顶层设计, 研究制订公司碳减排路线图和碳中和目标方案 (2)将围绕国家最新政策要求, 进一步完善"十四五"规划和新能源相关专项规划, 完善公司绿色发展行动计划
中国石化	(1)已启动碳达峰碳中和战略路径的课题研究, 将以碳的净零排放为终极目标, 坚持减碳进程与转型升级相统筹, 研究制定碳达峰碳中和战略目标、路线图及保障措施 (2)与国家发展改革委能源研究所、国家应对气候变化战略研究和国际合作中心、清华大学低碳能源实验室三家单位分别签订战略合作意向书, 共同研究提出中国石化率先引领能源化工行业碳达峰和碳中和的战略路径
国家能源集团	(1)未来5年预计可再生能源装机规模7000万~8000万千瓦 (2)培育煤基新材料产业, 为我国煤炭清洁转化和高效利用探索新方案和新途径 (3)计划组建创新联合体, 在煤炭清洁高效转化, 二氧化碳为原料的全新碳基化学工业等领域, 攻克一批关键核心技术, 提高行业绿色发展标准
中国煤炭科工集团	与晋能控股集团签订"碳达峰碳中和"战略研究合作协议

第7章

全球主要经济体碳达峰碳中和行动

当前，全球各国已陆续设立了符合各国国情的"双碳"目标。主要的发达经济体和部分发展中经济体已经实现了碳达峰，部分发达经济体已经提出了实现碳中和的预计年份，截至2023年，全球已有约140个国家和地区设定了碳中和目标。其中以英国、美国以及欧盟等为代表的全球主要经济体高度重视碳中和顶层设计，基于不同经济发展阶段、资源禀赋、技术和产业基础等，从目标设定、关键部门减排、技术创新、财税激励等角度谋求构建相对系统但各有侧重的碳中和政策体系。

7.1 目标体系

目标引领对实现"净零排放"至关重要。从主要经济体的举措看，各主要经济体大都按照"目标路线图+关键领域目标"的框架来构建目标体系，并构建起目标完成情况的统计、核算和监督体系。但不同战略取向的经济体在目标体系设定方面有一定的差异。

1. 中长期碳中和目标路线图

按照《巴黎协定》的要求，主要经济体大都确立了碳中和时间表及阶段性目标。其中，英国、法国、德国、日本以及欧盟等基本完成了碳中和目标立法，而美国、巴西和印度等尚未在法律中确立碳中和目标。除印度外，上述经济体从碳排放达峰到碳中和的时间尺度为35~60年，达峰时间越晚意味着实现碳中和的压力越大，如图7-1所示。

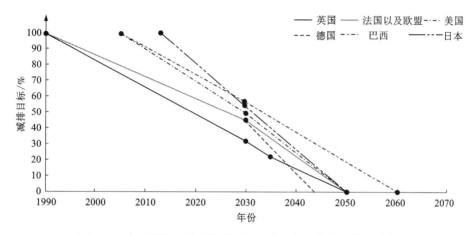

图7-1　主要经济体的减排目标及阶段性目标设定简化示意图

从图7-1中可以看出，英国、法国、德国的碳排放峰值年份为1990年左右，但这三个国家在减排路径和目标设定上有较大的差异。英国的阶段性目标最为激进，其承诺2030年温室气体排放量比1990年至少降低68%，2050年实现碳中和。德国则是碳中和时间点最为激进，2030年阶段性减排目标为减少55%，但2021年《联邦气候保护法（修订案）》确立2045年实现碳中和，因此2030年后减排压力较大。美国和巴西的碳达峰时间均为2005年，2030年阶段性目标是分别比2005年下降50%~52%和43%，碳中和时间分别为2050年和2060年。日本的碳达峰时间为2013年，其从碳排放达峰到碳中和仅有35年左右时间，减排压力相对较大。印度碳中和目标年份为2070年，目前尚不明确达峰时间，阶段性减排目标是到2030年单位国内生产总值（GDP）碳排放量比2005年降低45%。

2.关键领域减排目标

在分领域减排目标上，各主要经济体采取了不同的策略，但总体上与各自碳中和战略取向相匹配，具体表现为如图7-2所示的三种类型。

| 第一种 | 设定严格的领域减排目标，确立每年度的目标任务并对目标完成情况进行奖惩 |

主要以德国、法国等强调以碳中和引领经济社会转型的经济体为代表。德国《气候行动计划2030》明确建筑和住房、能源、工业、运输、农林等部门在2020—2030年的刚性年度减排目标，形成传导压力、落实责任、倒逼目标的强约束作用。法国在2015年通过的首个《国家低碳战略》确立了碳预算制度，其设定了分阶段碳预算，并细分至交通、建筑、能源、农业、工业、垃圾处理等领域

| 第二种 | 设立非约束性领域减排目标，该目标主要以政治宣示为主，缺乏严格的实施机制 |

主要以美国为代表。例如，美国将电力脱碳作为领域减排的重点，计划2035年实现100%清洁电力目标

| 第三种 | 回避领域的减排目标，将目标聚焦在可再生能源发展规模等方面 |

例如：日本从绿色增长角度，提出到2040年海上风电发电装机容量达到4500万千瓦；印度提出2030年50%的电力将来自可再生能源

图7-2　各经济体在设立分领域减排目标上采取不同的策略

3. 碳减排目标的调整优化机制

欧盟以及英国、德国都曾经对2030年减排目标或碳中和目标进行调整。例如，欧盟早期的2030年减排目标为40%，2020年才调整至55%。这反映全球主要经济体通常不纠结于"一诺千金"，而是根据形势做相应调整优化。

在一经济体内部，为确保碳减排过程中的公开透明，应对有关行业的减排情况进行统计核算、评估和调整优化。以德国为例，《联邦气候保护法》规定每年3月15日，德国联邦政府都会分别计算整个德国及各个行业上一年的温室气体排放水平，并由独立的气候问题专家委员会负责审查数据，联邦政府据此更新长期战略与行业年度上限。

7.2 关键领域减排举措

各主要经济体普遍在能源、工业、交通、建筑等重要的碳排放领域采取有针对性的措施，推动关键领域碳减排与碳中和。

1. 能源

能源转型是实现经济社会脱碳的关键途径，其中电力碳中和又是能源碳中和的基础。例如，日本《绿色增长战略》明确提出 2050 年碳中和的前提条件是电力部门实现无碳化。从各经济体举措看，其在能源转型方面既有共同点，也有较大差异，具体来说，可以归纳为如图 7-3 所示的三个方面。

构建以可再生能源发电为主体的高可靠性电网成为基本共识。例如，德国《可再生能源法修正案草案》明确了到 2030 年可再生能源发电占总电力消耗的 65%。为应对可再生能源的不稳定性、波动性，非化石能源、储能、智能电网"一体化"发展成为各方关注的重点

在退煤方面，各国有较大的差异。除东欧国家外，欧洲国家大都就退煤形成了共识：德国 2020 年《煤炭逐步淘汰法案》提出，到 2038 年实现完全退煤；英国宣布煤炭发电退出的时间提前到 2024 年；法国在 2017 年时计划在 2022 年关停全部煤电。但一些煤炭依赖程度高的经济体仍然十分强调煤电的作用。例如，印度近年来采取多项举措推动煤炭的高效清洁利用，包括要求新建大型燃煤发电站使用超临界技术、分阶段改造现有旧电站等

在核能和油气资源开发上存在一定反复。日本福岛核电站发生核事故后，德国开始启动废核进程，并在 2021 年关闭了全部的核电站。但在 2022 年，欧盟委员会为应对电价高涨的风险，又将天然气和核能列为绿色能源，从而引起强烈的争议。日本也开始有限度重启核能发电。例如，2021 年 4 月日本同意关西电力公司美滨核电站 3 号机等重新启用

图 7-3 各经济体在能源转型方面的举措

2. 工业

工业是能源消耗和二氧化碳排放的主要领域。2019 年经济合作与发展组织（OECD）国家工业部门二氧化碳排放量占其排放总量的 29%。从主要国家的

举措看，工业减排举措大致集中以下两个方面：

①发展循环经济和提高能源效率。欧盟的《我们对人人共享清洁地球的愿景：工业转型》强调通过发展循环经济和推动清洁生产实现工业脱碳，随后在2020年3月通过新版《循环经济行动计划》。

②发展电能、氢能替代化石能源等技术，推广脱碳工艺和碳捕获、储存与回收。例如，法国计划投入70亿欧元发展绿色氢能技术，在炼油、化工、电子和食品等领域使用无碳氢能，逐步实现工业脱碳。

总体来看，工业部门碳锁定效应明显，减排难度大，单纯依靠循环经济和提高能效无法实现工业领域碳中和，而电能、氢能替代的技术基础目前尚不牢固。以钢铁行业为例，在引入副产物利用和循环、精准控制等创新技术后，依旧存在着较大规模的碳排放量；钢铁行业要走向碳中和仍需要引入碳捕获、利用与封存(CCUS)技术或者电能、氢能替代技术，但目前这些技术仍不成熟。

3.交通

交通运输部门是碳排放长期趋增的行业。近年来随着汽车领域电动化、智能化技术的发展，交通部门的碳中和路线逐步清晰。从总体看，各经济体的核心方向是推广碳中性交通工具，辅以出行结构调整。

①大规模推广相对成熟的新能源乘用车和商用车，并建设完善的充电基础设施。但各经济体在转型方向上也存在着一定的差异。例如：日本将混合动力车作为近期推广重点，并把燃料电池汽车作为长期方案；而美国、欧盟则重点推广纯电动车，美国将近65万辆政府用车全部换成美国自产电动汽车。

②对于尚不成熟的航空、航海领域，在持续研发零碳燃料技术的同时，优先推动出行结构的调整优化。例如，德国自2020年1月起将长途火车票价增值税从19%降低到7%，同时调高欧洲境内航班增值税。

交通领域碳中和主要面临配套基础设施体系的建设和关键技术突破，包括充电网络体系或者换电网络体系，以及建设从制氢到输运再到加氢站的完整体系。航空、航海领域的碳中和仍需突破零碳电力，氢、生物燃料零排放飞机，以及电动和氢燃料电池船舶等关键技术。

4.建筑

减少建筑行业排放同样是各经济体关注的重点，其核心路径有二，如图7-4所示。

推行电气化替代和分布式能源供应。欧盟委员会在 2020 年发布的"革新浪潮"倡议提出，到 2030 年所有建筑将实现净零能耗。德国于 2020 年 11 月 1 日生效的《建筑物能源法》明确了用基于可再生能源有效运行的新供暖系统代替旧供暖系统的要求

途径一

加大绿色建材和绿色施工推广力度。各经济体建立了绿色建筑标准，如英国发布绿色建筑评估方法（BREEAM），美国采用"能源之星"，德国采用"建筑物能源合格证明"，以标记能源效率及耗材等级

途径二

图 7-4　减少建筑行业排放的主要途径

7.3　技术措施

尽管对待碳中和的态度取向有所差异，但各经济体在提出碳中和目标后，均制定面向碳中和的科技战略或计划，加快布局绿色低碳技术创新，形成一场绿色技术和产业竞赛，力图在将来的国际竞争中取得优势，见表 7-1。

表 7-1　主要经济体的碳中和技术创新战略定位及重点领域

经济体	核心战略	顶层设计文件	重点领域
美国	成本优势+本土制造	"变革性清洁能源解决方案"	氢能、下一代建筑材料、电池储能、CCUS、可再生能源、先进核能
日本	技术优势+国际合作	《绿色增长战略》	海上风电、氨燃料、氢能、核能、下一代住宅、商业建筑和太阳能、汽车和蓄电池、船舶、碳循环产业等
欧盟	产品领先+本土制造+影响全球规则	"创新基金""地平线欧洲""欧洲绿色协议"下协调欧盟	可再生能源发电技术、电网基础设施与输电技术、氢能技术、高能效建筑关键技术、超快速充电基础设施、锂离子或新型化学电池技术、低碳产品设计、CCUS

1. 在碳中和创新战略上

各主要经济体都追求"技术领先"和"产业竞争"相结合，但战略重点不同。美国追求"成本优势+本土制造"。美国在制造业重返和供应链自主可控的战略

下，强调要通过研发大幅度降低关键清洁能源、氢能等成本，确保这些新技术产品在美国制造，并迅速推动商业化应用。例如，美国能源部 2021 年发起的"能源地球"计划强调在未来 10 年大幅降低关键清洁能源技术成本。日本强调"技术优势+国际合作"。由于国内市场规模相对有限，日本注重通过引领国际规则和标准制定，促进自身新技术在世界范围内的使用。例如，提出将氨与煤炭混燃技术扩展至东南亚地区，形成日本主导的国际产业链。欧盟追求"产品领先+本土制造+影响全球规则"。欧盟希望利用较大的本土市场规模和领先的技术优势，大规模鼓励技术在本地的商业化；同时，制定产品碳排放标准，并通过碳边境调节税和产品标准等影响全球供应链。以新能源汽车为例，欧盟2020 年 12 月"新电池法草案"对电动汽车电池增加了回收效率和材料回收目标的要求，规定只有满足要求的动力电池才能在欧盟市场销售，并计划到2025 年将欧洲打造成全球第二大电动汽车电池供应地。

2. 在科技创新布局上

各主要经济体大都制定了碳中和科技创新的顶层设计及路线图。

（1）欧盟

以《欧洲绿色协议》为基础，协调欧盟研发与创新框架计划"地平线欧洲"、欧盟"创新基金"等多个科学计划以重点支持气候友好技术研发和商业示范，并投入 500 亿以上欧元支持清洁能源创新、工业转型及低碳建筑和智能交通等方面的关键技术突破和商业示范。

（2）日本

以《绿色增长战略》为核心，提出 14 个领域的技术创新计划，并建立基于技术发展阶段（研发—示范—推广—商业化）的行业支持政策体系，协同推动技术、经济社会体系和生活方式的创新。

（3）美国

发布"变革性清洁能源解决方案"。

（4）英国

以"绿色工业革命十点计划"为基础推出"净零创新组合计划"等。

3. 从重点领域看

各经济体普遍把氢能、可再生能源、CCUS 等作为重点，但侧重点有一定差异。

（1）氢能

氢能被视为 21 世纪最具发展潜力的清洁能源，欧盟委员会于 2020 年 7 月推出《欧洲气候中立氢能源战略》，德国、法国、印度都制定了国家氢能源战略或计划。但各国技术路线不同，如：欧盟委员会以及德国认为短期内可以利用 CCUS 技术发展"蓝氢"作为过渡；法国希望集中资源聚焦发展"绿氢"；印度支持生物质气化、生物技术路线和电解槽生产氢气的大型研发项目。

（2）可再生能源

可再生能源主要侧重于新能源、新能源汽车与电池技术，包括新一代可再生发电技术、高可靠性电网技术、低成本高可靠性储能技术、先进核电技术等。

7.4　市场激励措施

根据科斯产权和庇古税等理论，财税政策和市场机制能够有效降低实现碳中和的社会经济运行成本，因而成为各经济体的重要政策手段，主要表现在以下两个方面。

1. 碳定价机制

各经济体相继开始碳排放权交易。碳排放权交易以欧盟碳交易机制（EU-ETS）为主要代表，其于 2005 年正式实施；2018 年欧盟批准碳排放权交易体系 2021—2030 年改革方案，预计到 2030 年免费碳配额总量将相较 2005 年减少 43%，EU-ETS 是欧盟主要的碳减排工具。欧洲国家也普遍建立自身的碳排放权交易体系。例如：2021 年德国全面启动国家碳排放权交易系统，每吨二氧化碳的初始价格定为 25 欧元，此后将逐年提高碳定价；英国在脱欧后于 2021 年重新建立碳排放权交易系统（UK-ETS），其涵盖能源密集型工业等行业；日本也建立了多层次碳交易系统，包括中央设立的核证减排交易系统、地方层面（东京、埼玉和京都）的碳交易市场，同时把国际市场作为重要补充；美国尽管没有国家级碳排放权交易体系，但多个州政府自发建立了区域性碳减排行动，较为有代表性和影响力的计划包括区域温室气体倡议（RGGI）、西部气候组织（WCI）和芝加哥气候交易所（CXX）等。

碳关税正成为发达经济体碳中和目标的规则博弈焦点。碳关税本质上是利用自身市场地位推动第三国生产者减少排放。例如，欧盟计划实施碳关税。2021 年 3 月欧洲议会通过了"碳边境调节机制"议案，该议案提出从 2023 年开始对欧盟进口的部分商品征收碳关税。但碳边境调节税的实施将面临众多争议，如俄罗斯和澳大利亚表态坚决反对。

2. 财税措施

不断完善财税政策，加快构建符合低碳、零碳、负碳产业发展规律的税收减免和补贴体系，是助力形成具有成本效益的碳中和有效路径。全球经济体的主要财税措施如图 7-5 所示。

措施一　建立激励碳减排的税收与补贴机制

①对企业实施税收优惠。2021 年美国财政部和国税局发布针对 CCUS 企业的税收优惠政策，按照捕获与封存的碳氧化物数量计算税费抵免额；日本政府出台碳中和投资促进税收、亏损结转特别扣除限额、扩大研发税收减免等多项财税优惠措施，以更好地引导企业开发节能技术、使用节能设备
②激励消费者购买绿色产品。例如，德国从 2019 年 11 月起对购买电动汽车的消费者给予最高 6000 欧元的补贴，对 2021 年以后新购买的燃油车征收基于公里碳排放的车辆税
③注重构建公平税制。例如，德国为降低低收入者承担的转型成本，在政策设计中包含了为低收入者增加通勤津贴等

措施二　建立健全碳中和的投融资机制

①设立绿色创新基金。日本提出在未来 10 年内设立 2 万亿日元规模的绿色创新基金，对包括可再生能源业务、低油耗技术利用和下一代蓄电池业务在内的绿色企业提供风险资金支持；英国成立绿色投资银行
②推动银行大力支持碳中和。例如，欧洲投资银行启动了相应的新气候战略和能源贷款政策，到 2025 年将把与气候和可持续发展相关的投融资比例提升至 50%；德国制定《复兴银行促进法》，对碳减排企业给予融资激励和信息服务
③CCUS。日本强调发展碳循环产业，包括从空气中直接捕获二氧化碳技术等

图 7-5　全球经济体的主要财税措施

7.5　主要经济体碳中和政策措施的特点

总体而言，主要经济体积极响应碳中和目标，在战略层面、目标体系、政策举措方面采取了系列措施，形成了相对系统的碳中和政策措施，并基于不同经济发展阶段、资源禀赋、技术基础等制定各有侧重的政策。各经济体碳中和行动的主要特征有如下四点。

第一，结合自身发展基础确立碳中和战略取向，构建相对完整的目标体系并强化适时调整。由于社会经济基础和政治基础各不相同，各经济体对待碳中和的态度和战略取向不同，大致有引领型、增长型、跟随型、摇摆型四类。主要经济体的碳达峰时间有一定差异，达峰时间越晚也意味着实现碳中和的时间窗口越短。与碳中和战略取向相匹配，各经济体差异化设定关键部门减排目标，如：引领型经济体通常完成立法并制定严格的领域减排目标，其他经济体往往弱化领域减排目标而关注新兴行业增长目标等。与此同时，主要经济体都建立了碳排放统计核算体系，对总目标及分领域目标的完成情况进行跟踪评估，并根据形势调整优化相关目标。

第二，形成重点鲜明的关键领域减排路径，但不足以支撑碳中和。在能源、工业、建筑、交通等领域，各经济体都部署了重点鲜明的领域减排措施，能够有力地推动温室气体减排。但由于技术不成熟、各经济体利益诉求有差异，一些减排措施（如退煤、油气、核能、工业脱碳路径等）存在着争议，即便最为激进的欧盟也不得不在绿色能源认定上妥协。总体来看，现有措施尚不足以支撑起关键部门实现碳中和，走向全面碳中和仍有待技术突破。这种不确定性也是非引领型经济体不愿意设定严格的关键领域减排目标的重要原因。

第三，坚持碳中和科技创新与产业竞争力相结合的策略，有可能不利于降低成本。无论是引领型经济体，还是增长型、跟随型、摇摆型经济体，大都注意到碳中和的科技创新需求及庞大的产业发展机会，希望通过科技研发优势塑造产业竞争力。各经济体均加强研发投入，支持可再生能源发电、高可靠电网技术、绿氢、可持续交通、CCUS 技术等研发；同时，注重从政策层面整合利用公共和私营部门资源，推动低碳、零碳、负碳技术的创新和商业化行动。但美国和欧洲着重强调科技创新孵化产业的本土制造，可能不利于降低相关技术的成本。

第四，碳定价机制仍有待探索，但财税制度相对完善。各经济体碳排放权交易体系虽然已经运行多年，但要在交易中确定合理的碳价格，并在加大碳减排力度的同时最大限度地降低对行业发展的约束，该体系仍然需要持续完善。碳边境调节税有可能引发国际规则博弈。相较而言，各经济体的财税制度较为完善，也配套出台相应的大规模投融资计划，有利于推动经济、社会与产业沿既定的方向发展。

第三篇

实现路径

第 8 章

低碳能源技术

低碳能源，是替代高碳能源的一种能源类型，它是指二氧化碳等温室气体排放量低或者零排放的能源产品。实行低碳能源是指通过发展清洁能源，包括风能、太阳能、核能、地热能和生物质能等替代煤炭、石油等化石能源以减少二氧化碳排放。

8.1　太阳能及其利用

太阳是一个发光发热的巨型气态星体，直径大约为 139 万 km（1.39×10^9 m），体积约为 1.42×10^{27} m³（是地球的 130 万倍），质量为 1.98×10^{30} kg（大约是地球的 33 万倍），平均密度只有地球密度的 1/4。

太阳内部不停地发生着由氢聚变成氦的热核反应，并向宇宙释放出巨大的能量。太阳辐射到茫茫宇宙空间的阳光，有一部分辐射到地球，向地球输送了大量的光和热，成为地球上万物生长的源泉。

事实上，风能、水能、生物质能、海洋能等可再生能源，追本溯源，都来自太阳能的转化。就连目前广泛使用的煤、石油等化石燃料，从根本上说也是由远古以来储存下来的太阳能。广义的太阳能包括了上述各种能源。当把太阳能作为可再生能源的一种进行讨论时，太阳能特指的是直接照射到地球表面的太阳辐射能（包括光和热）；通常所说的太阳能利用，是指太阳辐射能的直接转化和利用。太阳的能量，来自其内部进行的热核反应（由 4 个氢核聚变成 1 个氦核）。太阳以光辐射的形式，每秒向太空发射约 3.8×10^{26} J 的能量，即辐射功率

约为 $3.8×10^{26}$ W。

1. 我国太阳能资源及其分布

中国陆地上每年接收的太阳能辐射总量为 3300~8400 MJ/m²，相当于燃烧 $2.4×10^4$ 亿吨标准煤所释放的能量。依据中国划分太阳能光照条件的标准，在不同等级的 5 类地区中，前 3 类地区占中国国土面积的 2/3 以上，年日照时数超过 2000 h，太阳能辐射量在 5000 MJ/(m²·a) 以上。其中西藏、青海、新疆、甘肃、宁夏、内蒙古等地区的总辐射量和日照时数均为全国最高，属太阳能资源丰富地区；除四川盆地、贵州省太阳能资源稍差外，中国东部、南部及东北等地区均属于太阳能资源较丰富的中等区。我国太阳能光热应用面积已经占全球太阳能光热应用面积的 76%，相当于整个欧美地区的 4 倍多，并以每年 20%~30% 的速度持续递增。

2. 太阳能直接热利用

目前，直接利用太阳能的方式有两种：其一是把太阳能转化为内能；其二是把太阳能转化为电能。直接把太阳能转化为热能供人类使用（如加热、取暖），称之为太阳能的热利用，直接热利用是最古老的利用方式，也是目前技术最成熟、成本最低、应用最广泛的利用模式。其基本原理是利用集热装置将太阳辐射能收集起来，再通过与介质的互相作用转换成热能，进行直接或间接利用。

（1）集热器类型

太阳能集热器是把太阳辐射能转换成热能的设备，它是太阳能热利用中的关键设备。从理论上讲，根据集热器所能达到的温度和用途，通常可以将太阳能热利用分为低温（小于 200 ℃）、中温（200~800 ℃）和高温利用（大于 800 ℃）。目前，低温利用主要有太阳能热水器、太阳能干燥器、太阳能蒸馏器、太阳房、太阳能温室、太阳能空调制冷系统等；中温利用主要有太阳灶、太阳能热发电聚光集热装置等；高温利用主要有高温太阳炉等。各种太阳能直接利用方式，其基本原理都是类似的，只是在不同场合的不同名称。集热器有以下几种分类方式。

①按集热器的传热工质类型分为液体集热器和空气集热器。

②按进入采光口的太阳辐射是否改变方向分为聚光型集热器和非聚光型集热器。

③按集热器是否跟踪太阳分为跟踪集热器和非跟踪集热器。

④按集热器内是否有真空空间分为平板型集热器和真空管集热器。

⑤按集热器的工作温度范围分为低温集热器、中温集热器和高温集热器。

事实上，上述分类的各种太阳集热器是相互交叉的。下面主要介绍 3 种目前广泛使用的太阳集热器。

1）平板集热器。

平板集热器的吸热部分主体是涂有黑色吸收涂层的平板。其按照结构的差别，又可分为直晒式平板集热器和透明盖板式集热器，分别如图 8-1（a）和图 8-1（b）所示。

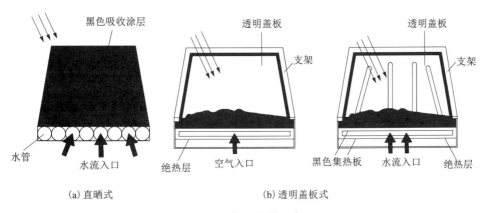

(a) 直晒式　　　　　　　(b) 透明盖板式

图 8-1　平板集热器示意图

直晒式平板集热器，受热面是一个或多个平板，涂有高吸收、低发射的选择性涂层，直接让阳光照射到涂有吸收涂层的平板上，水管等传热结构放置在集热平板的背光一面，通过水循环将热量传递到水箱中。

透明盖板式集热器，则是根据"热箱原理"设计的。热箱面向阳光的一面为透明的盖板，可用玻璃、玻璃钢或塑料薄膜制作；其他几面为不透气的保温层，内壁涂黑。太阳光透过透明的盖板进入箱内，被内壁涂层吸收，转换为热能。热箱内的集热介质可以是空气，也可以是水。

平板集热器是非聚光类集热器中最简单且应用最广的集热器。它吸收太阳辐射的面积与采集太阳辐射的面积相等，能利用太阳的直射和漫射辐射。由于太阳能的能流密度较低，集热介质的工作温度一般也很低，而且为了接收足够多的太阳能，往往需要很大的集热面积。

2）真空管集热器。

如果将透明盖板式集热器的集热板和透明盖板、侧壁之间抽成真空，同时把结构做成圆管形状，就变成了真空管集热器，如图 8-2 所示。其核心部件为真空管，通常有全玻璃真空管和金属真空管两类。比较常见的是黑色镀膜的真空玻璃管。为提高吸热效率，吸热板常经特殊处理或涂有选择性涂层。选择性涂层对太阳的短波辐射具有很高的吸收率，而本身发射出的长波辐射的发射率却很低，这样既可吸收更多的太阳辐射能，又可减少吸热体因本身辐射而造成的对环境的热损失。

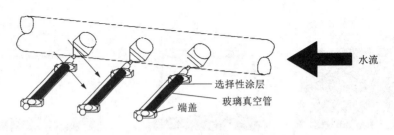

图 8-2　真空管集热器示意图

3）聚光集热器。

平板集热器直接采集自然阳光，集热面积等于散热面积，理论上不可能获得较高的运行温度。为了更有效地利用太阳能，必须提高入射阳光的能量密度，使之聚焦在较小的集热面上，以获得较高的集热温度，并减少散热损失，这就是聚光集热器的特点。

聚光集热器通常由三部分组成：聚光器、吸收器和跟踪系统。其工作原理是自然阳光经聚光器聚焦到吸收器上，并加热吸收器内流动的集热介质，跟踪系统根据太阳的方位随时调节聚光器的位置，以保证聚光器的开口面与入射太阳辐射总是互相垂直的。常见聚焦结构包括：

① 点聚焦结构，如复合抛物面反射镜，菲涅耳透镜和定日镜式聚光器等。

② 线聚焦结构，如槽形抛物面反射镜和柱状抛物面反射镜。

（2）太阳能热水器和太阳灶

太阳能热水器就是利用太阳辐射的热量进行加热，从而提供热水的设备，由于可以节省用于加热的电能，太阳能热水器被认为是最重要的环保节能措施之一。在太阳能热利用各种方式中，发展和应用最完善的就是太阳能热水器。根据集热器的类型分类，常见的有真空管热水器、平板式热水器等。

太阳灶(图8-3)是一种收集太阳能并将吸收的热量用于炊事的装置。常见的太阳灶采用球面的点聚焦集热器。

图8-3　太阳灶

(3)太阳能空调

太阳能空调是比较常见的利用太阳能制冷的方式。太阳能制冷，是指利用太阳提供热能直接或间接驱动制冷机的制冷方式。

一般的太阳能热利用项目，如采暖、提供热水等，在应用需求上往往与太阳能的供应并不完全一致。天气越冷、人们越需要温暖的时候，太阳能的供应往往越少。而太阳能空调的能量需求和太阳能的供应就比较一致。白天太阳辐射越强，天气越热的时候，人们要空调的负荷也越大；在夏季空调负荷高峰时，正是太阳辐射最强时，太阳能空调具有良好的季节适应性。这是太阳能空调应用最有利的客观因素。从这方面来看，太阳能空调应该是最合理的太阳能应用方案之一。

太阳能空调的技术种类繁多，成熟度也各有不同，其产业化进程比较缓慢。但不可否认的是，随着能源政策对清洁能源的倾斜，太阳能空调的推广普及前景无限美好。目前的太阳能空调技术，主要采用太阳能吸收式制冷和光电转化电能驱动制冷。

1)太阳能吸收式制冷。

太阳能吸收式制冷,是利用热能直接制冷的最常用方式。

吸收式制冷机使用的工质是两种沸点相差较大的物质组成的二元溶液,其中沸点低的物质是制冷剂,沸点高的物质是吸收剂,因此又称其为制冷剂—吸收剂工质对。目前比较成熟的是"溴化锂—水溶液"吸收制冷和"氨—水溶液"吸收制冷,其中"溴化锂—水溶液"吸收制冷采用溴化锂(沸点 1265 ℃)作为吸收剂,水是制冷剂;而在"氨—水溶液"吸收制冷中采用水作为吸收剂,氨(沸点 33.4 ℃)是制冷剂。太阳能空调工作原理如图 8-4 所示。

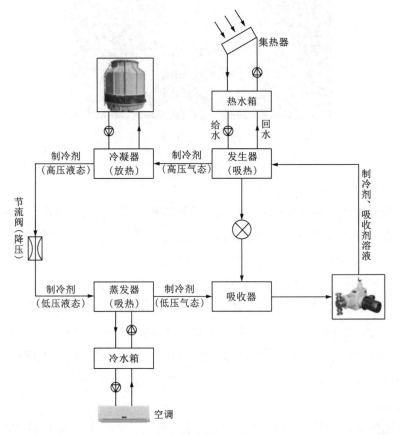

图 8-4　太阳能空调工作原理

2）光电转化电能驱动制冷。

太阳能光电转化电能驱动制冷，实际是先把太阳能转换为电能（以光伏发电方式），再用电力驱动空调，这种方式的关键技术在于光伏，此处不展开讨论。

3. 太阳能发电

（1）太阳能热发电

通常所说的太阳能热发电，就是指太阳能蒸汽热动力发电。太阳能蒸汽热动力发电的原理和传统火力发电的原理类似，所采用的发电机组和动力循环都基本相同，区别就在于产生蒸汽的热量来源是太阳能，而不是煤炭等化石燃料。一般用太阳能集热装置收集太阳能的光辐射并转换为热能，将某种工质加热到数百摄氏度的高温，然后经热交换器产生高温高压的过热蒸汽，驱动汽轮机旋转并带动发电机发电。

太阳能热发电系统，由集热部分、热传输部分、蓄热与热交换部分和汽轮发电部分组成。典型的太阳能蒸汽热动力发电系统的原理图如图 8-5 所示，其中定日镜、集热器实现集热功能，蓄热器是蓄热与热交换部分的主要设备，汽轮机、发电机是发电的核心设备，凝汽器、水泵为热动力循环提供水和动力。

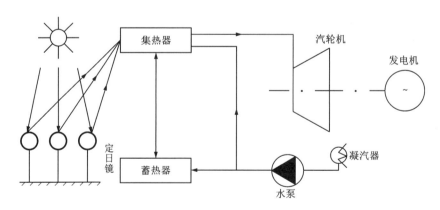

图 8-5　典型的太阳能蒸汽热动力发电系统的原理图

（2）太阳能光伏发电

从目前的应用规模、发展速度和发展前景来看，太阳能光伏发电可能是未来发展最快、最有发展前途的一种新能源利用技术。

1）光伏效应与光伏材料。

光伏效应，是指当光照在不均匀半导体或半导体与金属组合材料上时，在不同的部位之间产生电位差的现象。光伏效应是物质吸收光能产生电动势的现象，是太阳的光辐射能通过半导体物质转换为电能的过程。

能利用光伏效应产生电能的物质称为光伏材料。选用能量转换效率较高的光伏材料，制成光伏电池，就可以用于光伏发电。

已知的制造光伏电池的半导体材料有十几种。第一代光伏电池主要基于硅晶片，采用单晶硅和多晶硅材料制成，目前仍是光伏产品市场的主流。硅元素在地壳中的储量仅次于氧，原材料相当丰富。不过，晶体硅作为光伏电池中的光伏材料，成本较高（制作晶体硅电池的硅材料占电池成本的45%以上）。而且，硅晶体的尺寸也不能满足大面积的要求。除了硅（包括单晶硅、多晶硅和非晶硅）以外，可用的光伏材料还有砷化镓、磷化铟等Ⅲ-Ⅴ族化合物，硫化镉等Ⅱ-Ⅵ族化合物，铜铟硒等多元化合物，以及某些功能高分子材料和研制中的纳米晶体材料。

2）光伏电池。

光伏电池，是利用光伏效应将太阳能直接转换为电能的器件，也称太阳电池。

常见的光伏电池是由很多单体光伏电池构成的。单体光伏电池是指具有正、负电极，并能把光能转换为电能的最小光伏电池单元。典型的单体硅光伏电池结构如图8-6所示。由纯度较高的N型或P型单晶硅棒，制成厚度为0.25~0.5 mm、形状为圆形（直径为30~100 mm）或方形（2 cm×2 cm、1 cm×2 cm）的单晶片，构成电池基体（也称衬底，图8-6中的4）。在表面扩散一些与该材料异性的杂质，形成厚度为0.3 um左右的扩散顶区（图8-6中的3），构成P-N结，这是光伏电池的核心部分。从电池表面引出的电极为上电极，一般采用铝银材料制成细长的栅线形结构；由电池底部引出的电极为下电极，一般将下电极用镍锡材料制成板形结构。上、下电极（图8-6中的1、5）的作用是引出光生电动势；为了增加硅片表面光能吸收量，减小光反射损耗，在电池表面还要镀敷一层用二氧化硅等材料构成的减反射膜，而盖板（图8-6中的2）的主要作用是防湿、防尘。

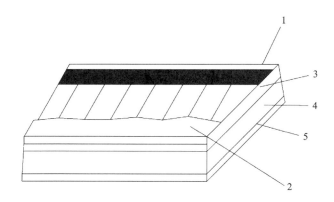

1—上电极；2—减反射膜及盖板；3—扩散顶区；4—基体或衬底；5—下电极/底电极。

图8-6　典型的单体硅光伏电池结构示意图

利用光伏电池将太阳能辐射转化为电能的发电系统，称为太阳能光伏发电系统，其组成一般包括太阳能电池方阵、储能蓄电池、保护和控制系统、逆变器等设备。

太阳能光伏发电有很多优点，如：运输、安装容易；运行维护简单；安全，可靠，寿命长；清洁，环境污染少；等等。但是，需要特别指出的是，晶体硅光伏电池生产前期的晶体硅片制造过程为高耗能、高污染过程。在某些薄膜太阳电池模块中，包含微量的有毒物质（如制造碲化镉的金属镉就有毒），因此存在着一旦发生火灾将释放出这些有毒化学物质的可能性。如果不考虑制造过程和成本，只考虑能源的使用方便，光伏发电无疑是最理想的新能源利用技术。

太阳能光伏发电未能迅速地大面积推广应用，这说明它也存在一些不足。这些不足主要是由太阳能资源本身的弱点造成的。

①能量分散（能量密度低）。太阳能的能量密度很低，在实际利用中要得到较大的功率，往往需要设立面积相当大的太阳能收集设备，因而占地面积大、材料用量多、结构复杂、成本增高。

②能量不稳定。阳光的辐射角度随着时间不断发生变化，再加上气候、季节等因素的影响，到达地面某处的太阳直接辐射能是不稳定的，具有明显的波动性甚至随机性。这给经济、可靠的大规模利用带来了不少困难。

③能量不连续。随着昼夜的交替，到达地面的太阳直接辐射能具有不

连续性。夜间没有太阳直接辐射，散射辐射也很微弱，大多数太阳能设备在夜间无法工作。为克服上述困难，就需要研究和配备储能设备，把在晴朗白昼收集的太阳能(以及正常使用之后的剩余部分)储存起来，供夜晚或阴雨天使用。

8.2 地热能及其利用

1.地热资源的概念

地热是来自地球内部的热量，但是并非所有的地球热量都能作为能源进行利用。地球表面的热量有一部分会散发到周围的大气中，这种现象称为大地热流。据分析，地球表面每年散发到大气的热量，相当于370亿t煤燃烧所释放的热量。这种能量虽然很大，但是太过分散，目前还无法作为能源利用。还有很多热量埋藏在地球内部的深处，开采困难，也很难被人类利用。在某些地质因素(如地壳内的火山活动和年轻的造山运动)作用下，地球内部的热能会以热蒸汽、热水、干热岩等形式向某些地域聚集，集中到地面以下特定深度范围内，有些能达到开发利用的条件。

地热资源指在当前经济和地质环境条件下，能够从地壳内开发出来的热能量和热流体中的有用成分。地热资源是集热、矿、水于一体的矿产资源。

2.地热资源的类型

根据在地下的存在形态，地热资源可分为热水型、干蒸汽型、地压型、干热岩型和岩浆型等几类。其中，热水型和干蒸汽型也常统称为水热型或热液型。

(1)地热资源存在的形态

1)热水型。

热水型地热资源是存在于地热区的水从周围储热岩体中获得热量形成的，包括热水及湿蒸汽。地壳深层的静压力很大，水的沸点很高。即使温度高达300 ℃，水也仍然呈液态。高温热水若上升，会因压力减小而沸腾，产生饱和蒸汽，开采或自然喷发时往往连水带汽一同喷出，这就是所谓的"湿蒸汽"。

热水型地热资源，按温度可分为高温型(高于150 ℃)、中温型(90～150 ℃)和低温型(90 ℃以下)三类。高温型一般有强烈的地表热显示，如高温间歇喷泉、沸泉、沸泥塘、喷气孔等。我国藏、滇一带的地热具有这种特点。个别地区的地热资源温度可高达 422 ℃，如意大利的那不勒斯地热田。

2）干蒸汽型。

干蒸汽型地热资源是存在于地下的高温蒸汽。在含有高温饱和蒸汽而又封闭良好的地层，当热水排放量大于补给量时，就会因缺乏液态水分而形成"干蒸汽"。地热蒸汽的温度一般在 200 ℃ 以上。干蒸汽几乎不含液态水分，但可能掺杂少量的其他气体。

3）地压型。

地压型地热资源，主要是以高压水的形式储存于地表以下 2~3 km 深处的可渗透多孔沉积岩中，往往被不透水的岩石盖层所封闭，形成长达上千米、宽几百千米的巨型热水体，因而承受很高的压力，一般可达几十兆帕，温度为 150~260 ℃。地压水除了具有高压、高温的特点外，还溶有大量的甲烷等碳氢化合物，每立方米地压水中的含气量为 $1.5~6\ m^3$（标准状态）。因此，地压型资源中的能量，包括机械能（高压）、热能（高温）和化学能（天然气）三个部分，而且在很大程度上体现为天然气的价值。地压型资源是在钻探石油时发现的，往往可以和油气资源同时开发。开采时需要注意对周围环境和地质条件的潜在影响。

4）干热岩型。

地壳深处的岩石层温度很高，储存着大量的热能。由于岩石中没有传热的流体介质，也不存在流体进入的通道，因而被称为"干热岩"，在国外多称为热干岩（hot dry rock，HDR）。现阶段，干热岩型地热资源主要指埋藏深度较浅、温度较高的有开发经济价值的热岩石。埋藏深度为 2~12 km，温度远远高于 100 ℃，多为 200~650 ℃。干热岩型地热资源十分丰富，比上述三类地热资源丰富得多，是未来人们开发地热资源的重点。美国墨西哥湾沿岸的地热区就是这种类型。

提取干热岩中的热量需采取特殊的办法，技术难度较大。一般要在岩层中建立合适的渗透通道，使地表的冷水与之形成一个封闭的热交换系统，通过被加热的流体将地热能带到地面，再与地面的转换装置连接而加以利用。渗透通道的形成，可以通过爆破碎裂法或者凿井，使热流体在干热岩中循环，然后从干热岩取热，这是一种对环境十分安全的办法。它既不会污染地下水或地表水，也不会排出对环境有害的气体和固体尘埃。已有试验验证过这种技术思路的可行性。

5)岩浆型。

在地层深处呈黏性半熔融状态或完全熔融状态的高温熔岩中,蕴藏着巨大的能量。岩浆型地热资源约占地热资源总量的40%,其温度为600~1500 ℃,大多埋藏在目前钻探还比较困难的地层中。在一些多火山地区,这类资源可以在地表以下较浅的地层中找到,有时火山喷发还会把这种熔岩喷射到地面上。

当熔岩上升到可开采的深度(<20 km)时,可用于和载热流体进行热交换。可以考虑在火山区域钻出几千米的深孔,并抽取熔岩。耐高温(1000 ℃)、耐高压(400 MPa)且抗强腐蚀性的材料比较难找,而且人类对高温、高压熔岩的运动规律了解较少,目前还没有可行的技术对岩浆型地热资源进行开发。

目前人类开发利用的地热资源,主要是地热蒸汽和地热水两大类,已经有很多的实际应用。干热岩型和地压型两大类资源尚处于试验阶段,开发利用很少,不过干热岩型地热资源储量巨大,未来可能有大规模发展的潜力。岩浆型资源的应用还处于课题研究阶段。

3.地热田

目前可开发的地热田主要是热水田和蒸汽田。

(1)热水田

热水田提供的地热资源主要是液态的热水。沿着岩石缝隙向深处渗透的地下水,不断吸收周围岩石的热量,越到深处,水温越高。特定的地质构造使水层上部的温度不超过该处气压下的沸点。被加热的深层地下水体积膨胀,压力增大,沿着其他的岩石缝隙向地表流动,成为浅埋藏的地下热水,一旦流出地面,就成为温泉。这种深循环型的热水田是最常见的情况。此外还有一些特殊热源形成的热水田。例如地层深处的高温灼热岩浆沿着断裂带上升时,若压力不足以形成火山喷发,就会停留在上升途中,构成岩浆侵入体,把渗透到地下的冷水加热到较高的温度。热水田比较普遍,开发也较多,既可直接用于供暖和工农业生产,也可用于地热发电。

(2)蒸汽田

蒸汽田的地热资源包括水蒸气和高温热水。能够形成蒸汽田的地质结构,一般周围的岩层透水性和导热性很差,而且没有裂隙,储水层长期受热,从而聚集大量蒸汽和热水,被不渗透的岩层紧紧包围,上部为蒸汽,压力大于地表的气压;下部为液态热水,静压力大于蒸汽压力。

地热资源的开发潜力主要体现在地热田的规模大小。而地热资源温度的高低是影响其开发利用价值的最重要因素。划分地热温度等级的方法,目前在国际上尚不统一。中国国家标准《地热资源地质勘查规范》(GB/T 11615—2010)规定,地热资源按温度分为高温(>150 ℃)、中温(90~150 ℃)和低温(<90 ℃)三级,按地热田规模分为大型(>50 MW)、中型(10~50 MW)和小型(<10 MW)三类。

4. 我国地热能资源及其分布

全国地热可采储量,是已探明煤炭可采储量的 2.5 倍,其中距地表 2000 m以内储藏的地热能相当于 2500 亿 t 标准煤燃烧产生的热量。我国以中低温地热资源为主,580 万 kW 以上的可供高温发电,而可供中低温直接利用的盆地型潜在地热资源的埋藏量在 2000 亿 t 标准煤当量以上。

目前,全国经正式勘查并经国土资源储量行政主管部门审批的地热田有103 处,经初步评价的地热田有 214 个。每年全国可开发利用的地热水总量约68.45 亿 m^3,所含地热量为 9.73×10^7 J,折合每年 3284 万 t 标准煤的发电量。

按地热资源的成因、分布特点等因素,我国的地热资源可以大致划分为七个地热带。

(1)藏滇地热带(又称喜马拉雅地热带)

藏滇地热带位于欧亚和印度洋两大板块的边界,属于地中海-喜马拉雅地热带,主要包括喜马拉雅山脉以北,冈底斯山脉、念青唐古拉山脉以南,西起西藏阿里地区,向东至怒江和澜沧江,呈弧形向南转入云南腾冲火山区,特别是雅鲁藏布江流域,这里水热活动强烈,地热显示集中,已经发现温泉 700 多处,其中高于当地沸点的热水区有近百处。

(2)台湾地热带

台湾地热带位于太平洋板块和欧亚板块的边界,是环太平洋地热带西部弧形地热亚带的一部分。这里是中国地震最为强烈、最为频繁的地带。其地热资源非常丰富,主要集中在东、西两条强震集中发生区,在 8 个地热区中有 6 个温度在 100 ℃以上。岛上水热活动处有 100 多处,其中大屯火山高温地热田,面积超过 50 km^2,钻热井深 300~1500 m,已探到 293 ℃高温地热流体,地热流量在 350 t/h 以上，热田发电潜力为 8 万~20 万 kW，已在靖水建有装机 3 MW 地热试验电站。

（3）东南沿海地热带

东南沿海地热带主要包括福建、广东、海南、浙江及江西和湖南的一部分。当地已有大量地热水被发现，其分布受北东向断裂构造的控制，一般为中低温地热水，福州市区的地热水温度可达 90 ℃。

（4）鲁皖鄂断裂地热带

鲁皖鄂断裂地热带也称鲁皖庐江断裂地热带，自山东招远向西南延伸，贯穿皖、鄂边境，直达汉江盆地，包括湖北英山和应城。这条地壳断裂带很深，至今还有活动，也是一条地震带。这里蕴藏的主要是低温地热资源，除招远的地热水为 90~100 ℃外，其余一般均为 50~70 ℃。初步分析该断裂的深部有较高温度的地热水存在。

（5）川滇青新地热带

川滇青新地热带主要分布在昆明到康定一线的南北向狭长地带，经河西走廊延伸入青海和新疆境内，扩大到准噶尔盆地、柴达木盆地、吐鲁番盆地和塔里木盆地。该地热带以低温热水型资源为主。

此外还有祁吕弧形地热带、松辽地热带。

5.地热能的利用方式

地热能的利用可分为地热发电和直接利用两大类，不同温度地热流体的利用方式也有所不同，总体而言，地热能在以下几个方面的应用最为广泛和成功。

（1）地热供暖

地热供暖是最直接的地热利用方式之一。由于热源温度和利用温度一致，这种方式易实现，经济性好，在许多国家很受重视，尤其是具有地热资源的高寒地区国家。我国的地热供暖和地热供热水发展迅速，已成为京津地区最普遍的地热利用方式。目前，我国与冰岛合作建设地热供暖系统，这一项目位于陕西省咸阳市，利用此地丰富的地热资源，提高当地人生活质量，也为世界环保做出贡献。

地源热泵根据卡诺循环原理（电冰箱工作原理），利用某种工质（如氟利昂、氯丁烷）从地下吸收热量，并把经过压缩转化的能量传导给人们能够利用的介质。在热泵的两端一端制热，另一端制冷，同时得以利用，能十分有效地提高地热资源的品位及直接利用的效率。

对于耗热量大的建筑物和有防水要求的供暖场合，多采用地源热风供暖的方式，可以集中送风，即将空气在一个大的热风加热器中加热，然后输出到各个供暖房间；也可以分散加热，即把地热水引向各个房间的暖风机或风机盘管系统，以加热房间的空气。

（2）地热用于农业和养殖

地热在农业和养殖业中的应用范围十分广阔。利用温度适宜的地热水灌溉农田，可使农作物早熟增产；利用地热水养鱼，在 28 ℃水温下可加速鱼的育肥，提高鱼的出产率；利用地热建造温室，可育秧、种菜和养花；利用地热给沼气池加温，可提高沼气的产量等。

北京、河北、广东等地用地热水灌溉农田，调节灌溉水温，用 30~40 ℃的地热水种植水稻，以解决春寒时的早稻烂秧问题。我国凡是有地热资源的地区，几乎都建有用于栽种蔬菜、水果、花卉的地热温室。2000 年以前我国的地热温室面积就超过 1.2 km²。各地还利用地热大力发展养殖业，如北京地区就用地热水培育水浮莲和在冬季通过向养殖池输送温度恒定的地热水来养殖非洲鲫鱼。

（3）温泉洗浴和医疗

温泉是地球上分布最广又最常见的一种地热显示。一般情况下，温度在 20 ℃以上的地热水才能称为温泉，我国和日本的温泉标准都是 25 ℃；45 ℃以上称为热泉；温度达到当地水沸点的称为沸泉。

目前热矿水被视为一种宝贵的资源，世界各国都很珍惜，地热在医疗领域的应用具有诱人的前景。

由于温泉的医疗作用及伴随温泉出现的特殊的地质、地貌条件，温泉常常成为旅游胜地，吸引大批的疗养者和旅游者。在日本就有 1500 多个温泉疗养院，每年吸引 1 亿人到这些疗养院休养。

（4）地热发电

地热发电是以地下热水和蒸汽为动力的发电技术，是高温地热资源最主要的利用方式。

地热发电的基本原理与常规的火力发电是相似的，都是用高温、高压的蒸汽驱动汽轮机(将热能转换为机械能)，带动发电机发电。不同的是，火电厂是利用煤炭、石油、天然气等化石燃料燃烧时所产生的热量，在锅炉中把水加热成高温、高压蒸汽。而地热发电不需要消耗燃料,而是直接利用地热蒸汽或利用由地热能加热其他工作流体所产生的蒸汽。

地热发电的过程,就是先把地热能转换为机械能,再把机械能转换为电能的过程。要利用地下热能,首先需要"载热体"把地下的热能带到地面上来。目前能够被地热电站利用的载热体,主要是地下的天然蒸汽和热水。地热发电的流体性质,与常规的火力发电也有所差别。火电厂所用的工作流体是纯水蒸气;而地热发电所用的工作流体要么是地热蒸汽(含有硫化氢、氡气等气态杂质,这些物质通常是不允许排放到大气中的),要么是低沸点的液体工质(如异丁烷、氟利昂)经地热加热后所形成的蒸汽(一般也不能直接排放)。

由于地热能源温度和压力低,地热发电一般采用低参数小容量机组。经过发电利用的地热流都将重新被注入地下,这样做既能保持地下水位不变,还可以在后续的循环中再从地下取回更多的热量。在地热资源的实际利用中,有一些关键技术问题需要解决,应针对地热的特点采用相应的利用方法,实现经济高效的地热能利用,包括:①电站建设和运行的技术改进;②提高地热能的利用率;③回灌技术;④防止管道结垢和设备腐蚀等。

按照载热体的类型、温度、压力和其他特性,地热发电的方式主要是蒸汽型地热发电、热水型(含水汽混合的情况)地热发电两大类。此外,全流发电系统和干热岩发电系统也在研究试验中。

1)蒸汽型地热发电系统

蒸汽型地热发电是把高温地热田中的干蒸汽直接引入汽轮发电机组发电。在引入发电机组前先要把蒸汽中所含的岩屑、矿粒和水滴分离出去。这种发电方式最为简单,但干蒸汽地热资源十分有限,而且多存在于比较深的地层,开采技术难度大,发展有一定的局限性。蒸汽型地热发电系统又可分为背压式汽轮机地热蒸汽发电系统(图8-7)和凝汽式汽轮机地热蒸汽发电系统(图8-8)。

2)热水型地热发电系统

热水型地热发电是目前地热发电的主要方式,包括纯热水和湿蒸汽两种情况,适用于分布最为广泛的中低温地热资源。低温热水层产生的热水或湿蒸汽不能直接送入汽轮机,需要通过一定的手段,把热水变成蒸汽或者利用其热量产生别的蒸汽,才能用于发电,主要有单级闪蒸地热发电系统(图8-9)与单级双循环地热发电系统(图8-10)两种方式。

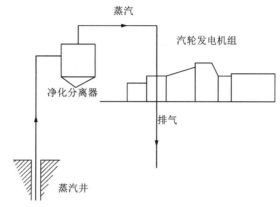

图 8-7 背压式汽轮机地热蒸汽发电系统

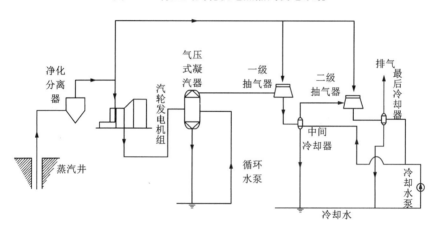

图 8-8 凝汽式汽轮机地热蒸汽发电系统

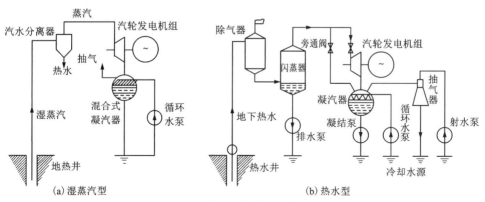

(a) 湿蒸汽型

(b) 热水型

图 8-9 单级闪蒸地热发电系统

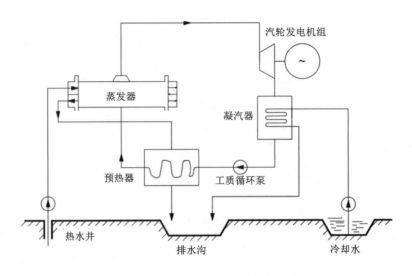

图 8-10　单级双循环地热发电系统

8.3　生物质能及其利用

生物质是指有机物中除化石燃料外的所有来源于动物、植物和微生物的物质，包括动物、植物、微生物及由这些生命体排泄和代谢的所有有机物。

生物质来源广泛，种类繁多。获取生物质的途径大体上有两种情况：一种是有机废弃物的回收利用，另一种是专门培植作为生物质来源的农林作物等。此外，某些光合成微生物也可以形成有用的生物质。我国是一个农业大国，生物质资源十分丰富，理论上生物质能资源为 50 亿吨左右，根据中国工程院的《可再生能源发展战略咨询报告》，我国生物质能源的资源量是水能的 2 倍和风能的 3.5 倍。目前，每年可开发的生物质能源约为 12 亿吨标准煤，超过全国每年能耗的 1/3。

1. 生物质能利用的形式

生物质能转化利用的途径(图 8-11)主要包括燃烧、热化学法、生化法、化学法和物理化学法等，可转化为热量或电力、固体燃料(木炭或成式燃料)、液体燃料(生物柴油、甲醇、乙醇等)和气体燃料(氢气、生物质燃气和沼气等)。

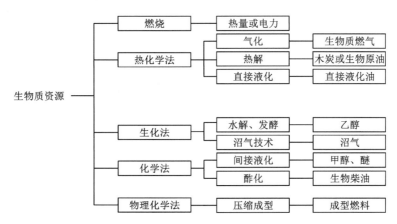

图8-11　生物质能转化利用的途径和产品

2.生物质燃料

生物质失去挥发分后剩下的木炭,其成分基本上就是碳,能量密度是原始生物质的两倍左右。不过,获得1 t木炭需要4~10 t木材,如果不能有效地收集挥发分,将有3/4的能损失掉。而且制取木炭的过程也会排放大量污染物,是温室气体的主要来源之一。

（1）固体成型燃料

利用木质素充当黏合剂,将松散的秸秆、树枝和木屑等农林废弃物挤压成特定形状的固体燃料,也可以提高其能源密度,改善燃烧性能。这种物理化学处理方式,称为生物质压缩成型,可以解决天然生物质分布散、密度低、松散蓬松造成的储运困难、使用不便等问题。

生物质压缩成型所用的原料主要是锯末、木屑、稻壳、秸秆等,其中含有纤维素、半纤维素和木质素,占植物成分的2/3以上。一般将松散的原料粉碎到一定细度后,在一定的压力、温度和湿度条件下,挤压成棒状、球状、颗粒状的固体燃料,其能源密度相当于中等烟煤,热值显著提高,便于储存和运输,并保持了生物质挥发性高、易着火燃烧、灰分及含硫量低、燃烧产生污染物较少等优点,是一种不可多得的清洁商业燃料。常见的压缩成型设备有螺旋挤压式、活塞冲压式和环模滚压式等。压缩成型工艺有湿压成型、热压成型和炭化成型三种基本类型。

生物质压缩成型燃料可广泛用于家庭取暖、小型发电，还可用作工业锅炉、工业窑炉的燃料及化工原料，是充分利用秸秆等生物质资源替代煤炭的重要途径，具有良好的发展前景。

(2)气体生物质燃料

将生物质转换为高品质的气体燃料是利用生物质能的一个好方法。气体燃料的优点包括：①既可以直接燃烧，又能用来驱动发动机和涡轮机；②能量转换效率比生物质直接燃烧高；③便于运输；等等。

①木煤气。

可燃烧的生物质在高温条件下经过干燥、干馏热解、氧化还原等过程后，能产生可燃性混合气体，称为生物质燃气。其主要成分有一氧化碳(CO)、氢气(H_2)、甲烷(CH_4)、烃类(C_mH_n)等可燃气体，以及 CO_2、O_2、N_2 等不可燃气体及少量水蒸气。另外，还有由多种碳氧化合物组成的大量煤焦油。

由生物质生成可燃混合气体的过程，称为生物质气化。生物质气化所用的原料，主要是原木生产及木材加工的残余物、薪柴、农业副产物等，包括板皮、木屑、枝杈、秸秆、稻壳、玉米芯等。不同的生物质资源气化所产生的混合气体成分可能稍有差异。生物质气化产生的混合气体成分与"煤气"(煤经过气化后产生的可燃混合气体)大致相同，俗称"木煤气"。

目前世界上常用的生物质燃气发生器通常分为热裂解装置和气化炉两类。热裂解是指在隔绝空气或只通入少量空气的不完全燃烧条件下，将生物质原料加热，用热能将相对分子质量较高的生物质大分子中的化学键切断，使之分解为相对分子质量较低的一氧化碳、氢气、甲烷等可燃气体。而气化炉的工作原理是将生物质原料送入炉内，加一定量燃料后点燃，同时通过进气口向炉内鼓风，通过一系列氧化还原反应形成煤气。由于空气中含有大量氮气，因此生物煤气中可燃气体所占比例较低，热值较低，一般为 $4000 \sim 5800 \ kJ/m^3$。生物质气化的能量转换效率，简单装置约为 40%，设计良好的复杂气化系统为 70%以上。

②沼气。

人和动物的粪便，农作物的秸秆、谷壳等农林废弃物，有机废水等有机物质，在密封装置中利用特定的微生物分解代谢，能够产生可燃的混合气体。由于这种气体最早是在沼泽中发现的，所以称为沼气。

我国在农村推广的沼气池多为水压式沼气池，这种沼气池在第三世界国家广泛采用，被称为中国式沼气池。一般情况下，在中国南方，这样一个池子每年可产出 250~300 m³ 沼气。沼气的主要成分是甲烷，通常占总体积的 65%；其次是二氧化碳，约占总体积的 30%；其余硫化氢、氨、氢和一氧化碳等气体约占总体积的 5%，如图 8-12 所示。甲烷的发热值很高，达 36840 kJ/m³。甲烷完全燃烧时仅生成二氧化碳和水，并释放热能，是一种清洁燃料。混有多种气体的沼气，热值为 20~25 MJ/m³，1 m³ 沼气的热值相当于 0.8 kg 标准煤。沼气可以作为燃料，用于生活、生产、照明、取暖、发电等，沼液、沼渣是优质的有机绿色肥料。

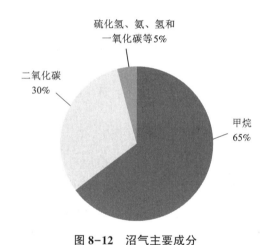

图 8-12 沼气主要成分

要正常产生沼气，必须为微生物创造良好的条件，使它能生存、繁殖。沼气池必须符合多种条件。第一，沼气池要密闭，因为有机物质发酵成沼气是多种厌氧菌活动的结果，因此在建造沼气池时要注意隔绝空气，不透气、不渗水。第二，沼气池里的温度要维持在 20~40 ℃，因为通常在这种温度下产气率最高。第三，沼气池要有充足的养分，供微生物生存和繁殖。在沼气池的发酵原料中，人畜粪便能提供氮元素，农作物的秸秆等纤维素能提供碳元素。第四，发酵原料要含适量水，一般要求沼气池的发酵原料中含水 80% 左右，过多或过少都对产气不利。第五，沼气池的 pH 一般控制在 7~8.5。

沼气发酵技术对工厂废水、城市生活垃圾、农业废弃物等有非常好的处理效果，有积极的环保意义。

（3）液体生物质燃料

用生物质制取液体燃料替代供应日益紧张的石油，也是生物质能利用的一个重要发展方向。液体生物质燃料主要包括燃料乙醇、植物油、生物柴油等，都属于优质的清洁能源，可以直接代替柴油、汽油等由石油提取的常规液体燃料。生成液体生物质燃料的途径有热解和直接液化法等。热解是指在隔绝空气或只通入少量空气的不完全燃烧条件下，将生物质原料加热，用热能将相对分子质量较高的生物质大分子中的化学键切断，使之分解为相对分子质量较低的可燃物。固态的生物质经过一系列化学加工过程，转化成液体燃料（主要是汽油、柴油、液化石油气等液体烃类产品，有时也包括甲醇、乙醇等醇类燃料），称为生物质的直接液化。与热解相比，直接液化可以生产出物理稳定性和化学稳定性都更好的液体产品。

此外，还可以依靠微生物或酶的作用，对生物质能进行生物转化，生产出如乙醇、氢、甲烷等液体或气体燃料。

①燃料乙醇。

乙醇俗称酒精，通常由淀粉质原料、糖质原料、纤维素原料等经发酵、蒸馏后制成。乙醇进一步脱水（使乙醇含量为 99.6% 以上），再加上适量的变性剂即可制成燃料乙醇。用于生产燃料乙醇的原料主要有淀粉质原料，如甘薯、木薯、马铃薯、玉米、大米、大麦、高粱等；糖质原料，如甘蔗、甜菜、糖蜜等；纤维素原料，如农作物秸秆、柴草、林木加工剩余物、工业加工的纤维素下脚料和某些城市垃圾；还包括某些工厂废液。

每千克乙醇完全燃烧时能产生 30000 kJ 左右的热量，是一种优质的液体燃料。燃料乙醇的生产成本与汽油和柴油大致相当，产生的环境污染却少得多。生物燃料乙醇在燃烧过程中排放的二氧化碳和含硫气体均低于汽油燃料。燃料乙醇燃烧所排放的二氧化碳和作为原料的生物质生长所吸收的二氧化碳基本持平，这对减少大气污染及抑制"温室效应"意义重大。

②植物油。

植物油是指利用野生或人工种植的含油植物的果实、叶、茎，经过压榨、提取、萃取和精炼等处理得到的油料。

根据油品的组分不同，有些可以作为食用油，有些只能作为工业原料用，有些可以直接作为液体燃料。植物油的发热量一般为37~39 GJ/t，只比柴油的42 GJ/t稍小。无论是单独使用还是和柴油混合，植物油都可以在柴油机里面直接燃烧。不过植物油的燃烧不完全，会在气缸中留下很多没有烧完的炭。所以将植物油转化成柴油再利用更合理一些。在一些气候比较温暖的国家，在柴油中添加30%的植物油仍可以直接使用，如菲律宾多添加椰子油，巴西常添加棕榈油，南非常添加的是向日葵油。

③生物柴油。

生物柴油是指来自生物质的原料油经过一系列加工处理过程制成的液体燃料。制取生物柴油的原料，包括植物油脂(主要来自油料作物)、动物油脂、废弃食用油等。其中植物油脂是我国最为丰富的生物柴油资源，占油脂总量的70%。生物柴油的生产技术以化学法为主，即原料油与甲醇或乙醇在酸、碱或生物酶等催化剂的作用下进行酯交换反应，生成相应的脂肪酸甲酯或乙酯燃料油。生物柴油的性质与常规柴油相近，是汽油、柴油的优质代用燃料。生物柴油可替代柴油单独使用，又可以一定比例(2%~30%)与柴油混合使用。生物柴油的闪点是柴油的两倍，使用、处理、运输和储藏都更为安全；在所有替代燃油中，生物柴油的热质最高；也只有它达到美国《清洁空气法》所规定的健康影响检测的全部要求。

3.生物质发电

(1)生物质发电基本原理

生物质能发电是利用生物质直接燃烧或生物质转化为某种燃料后燃烧所产生的热量来发电的技术。生物质能发电的流程，大致分为两个阶段：先把各种可利用的生物原料收集起来，通过一定程序的加工处理，转化为可以高效燃烧的燃料；然后把燃料送入锅炉中燃烧，产生高温高压蒸气，驱动汽轮发电机组发电。

生物质能发电的发电环节与常规火力发电是一样的，所用的设备也没有本质区别。生物质能发电的特殊性在于燃料的准备，因为松散、潮湿的生物质不便作为燃料使用，而且往往热转换效率也不高，一般要对生物质进行一定的预处理，如烘干、压缩、成型等。对于不采用直接燃烧方式的生物质能发电系统，还需要经过特殊的工艺流程，实现生物质原料到气态或液态燃料的转换。

利用生物质能发电的同时，还常常可以实现资源的综合利用。例如，生物质燃烧所释放的热量除了送入锅炉产生驱动汽轮机工作的蒸汽外，还可以直接供给人们用于取暖、做饭；生物质原料燃烧后的灰渣还可以作为农田优质肥料等。

生物质能发电具有以下特点：①适于分散建设、就地利用。②技术基础较好、建设容易。③仍有碳排放，但比化石燃料少。④变废为宝，更加环保。

(2)生物质发电技术

生物质直接燃烧发电，就是直接以经过处理的生物质为燃料，而不需要转换为其他形式的燃料，用生物质燃烧所释放的热量在锅炉中生产高压过热蒸汽，通过推动汽轮机的涡轮做功，驱动发电机发电。生物质直接燃烧发电的原理和发电过程与常规的火力发电是一样的，所用的设备也没有本质区别。

直接燃烧发电是最简单、最直接的生物质能发电方法。最常见的生物质原料是农作物的秸秆、薪炭木材和一些农林作物的其他废弃物。由于生物质质地松散、能量密度较低，其燃烧效率和发热量都不如化石燃料，而且原料需要特殊处理，因此设备投资较高，效率较低，即使在将来，情况也很难有明显改善。为了提高热效率，可以考虑采取各种回热、再热措施和联合循环方式。

①沼气发电。

沼气发电就是以沼气为燃料实现的热动力发电。沼气发电系统如图 8-13 所示，消化池产生的沼气经气水分离器、脱硫塔(除去硫化氢及二氧化碳等)净化后，进入储气柜；再经稳压器(调节气流和气压)进入沼气发动机，驱动沼气发电机发电。发电机排出的废气和冷却水携带的废热经热交换器回收，作为消化池料液加温热源或其他热源再加以利用。发电机发出的电经控制设备送出。

沼气发动机与普通柴油发动机一样，工作循环也包括进气、压缩、燃烧膨胀做功和排气四个基本过程。发动机排出的余热占燃烧热量的 $65\% \sim 75\%$，通过废气热交换器等装置回收利用。机组的能量利用率为 65% 以上。废热回收装置所回收的余热可用于消化池料液升温或采暖。沼气发电的生产规模：5 kW 以下为小型，$50 \sim 500$ kW 为中型，500 kW 以上为大型。

②垃圾发电。

垃圾发电主要是从有机废弃物中获取热量用于发电。从垃圾中获取热量主要有两种方式：一是垃圾经过分类处理后，直接在特制的焚烧炉内燃烧；二是填埋垃圾在密闭的环境中发酵产生沼气，再将沼气燃烧。垃圾发酵产生沼气的

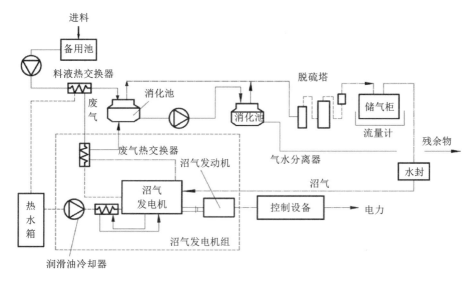

图 8-13　沼气发电系统

原理，可参考本章相关内容，在此不再详细介绍。垃圾沼气发电的效率非常低，但发电成本低廉，仍然很有开发价值。

垃圾焚烧，可以使其体积大幅度减小，并转换为无害物质。被焚烧废物的体积和质量可减少 90% 以上。垃圾焚烧发电，既可以有效解决垃圾污染问题，又可以实现能源再生，作为处理垃圾最快捷和最有效的技术方法，近年来在国内外得到了广泛应用。

这种方式从原理上看似容易，但实际的生产流程却并不简单。首先要对垃圾进行品质控制，这是垃圾焚烧的关键。一般都要经过较为严格的分选，凡有毒有害垃圾、无机的建筑垃圾和工业垃圾都不能选用。符合规格的垃圾卸入巨大的封闭式垃圾储存池。垃圾储存池内始终保持负压，巨大的风机将池中的"臭气"抽出，送入焚烧炉内。然后将垃圾送入焚烧炉，并使垃圾和空气充分接触，有效燃烧。

焚烧垃圾需要利用特殊的垃圾焚烧设备，有垃圾层燃焚烧系统、流化床式焚烧系统、旋转筒式焚烧炉和熔融焚烧炉等。当然，也可以焚烧与发酵并用。一般是把各种垃圾收集后进行分类处理，对燃烧值较高的进行高温焚烧（也彻底消灭了病源性生物和腐蚀性有机物）；对不能燃烧的有机物进行发酵、厌氧处理，最后干燥脱硫，产生沼气再燃烧。燃烧产生的热量用于发电。

③生物质燃气发电。

生物质燃气发电就是将生物质先转换为可燃气体,再利用这些可燃气体燃烧所释放的热量发电。生物质燃气发电的关键设备是气化炉(或热裂解装置),一旦产生了生物质燃气,后续的发电过程和常规的火力发电及沼气发电没有本质区别。生物质燃气发电系统(图8-14)主要由煤气发生器、煤气冷却过滤装置、煤气发动机、发电机四大主机构成。

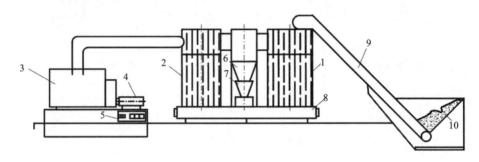

1—煤气发生器;2—煤气冷却过滤装置;3—煤气发动机;4—发电机;
5—配电盘;6—离心过滤器;7—灰分收集器;8—底座;9—燃料输送带;10—生物质燃料。

图8-14 生物质燃气发电系统

生物质燃气发电机组主要有三种类型:一是内燃机/发电机机组,二是汽轮机/发电机机组,三是燃气轮机/发电机机组。三种方式可以联合使用,汽轮机和燃气轮机/发电机组联合使用的前景较为广阔,尤其适用于大规模生产。

8.4 风能及其应用

1.风和风资源

地球从地面直至数万米高空被厚厚的大气层包围着。由于地球的自转、公转运动,地表的山川、沙漠、海洋等地形差异,以及云层遮挡和太阳辐射角度的差异,虽然阳光普照,但地面的受热并不均匀。不同地区有温差,外加空气中水蒸气含量不同,形成了不同的气压区。空气从高气压区域向低气压区域的自然流动,称为大气运动。在气象学上,一般把空气的不规则运动称为紊流,垂直方向的大气运动称为气流，水平方向的大气运动称为风。

我国幅员辽阔，季风强盛，风能资源分布广，总量也相当丰富。据有关研究估计，全国平均风能密度约为 100 W/m²，全国风能总储量约为 4.8×10⁹ MW，陆上和近海区域 10 m 高度可开发和利用的风能资源储量约为 1.0×10⁶ MW，其中有很好开发利用价值的陆上风资源大约有 2.53×10⁵ MW，大体相当于我国水电资源技术可开发量的 51.32%。

风能资源的利用，取决于风能密度和可利用风能年累积小时数。按照有效风能密度的大小和 3~20 m/s 风速全年出现的累积小时数，我国风能资源的分布可划分为 4 类区域：丰富区、较丰富区、可利用区和贫乏区。

（1）风能丰富区

风能丰富区是指一年内风速 3 m/s 以上超过半年，6 m/s 以上超过 2200 h 的地区。这些地区有效风能密度一般超过 200 W/m²，有些海岛甚至可达 300 W/m²。

"三北"（东北、华北和西北）地区是我国内陆风能资源最好的区域，如西北的新疆达坂城、克拉玛依，甘肃的敦煌、河西走廊；华北的内蒙古二连浩特、张家口北部，东北的大兴安岭以北。

某些沿海地区及附近岛屿也是我国风资源最为丰富的地区，如辽东半岛的大连，山东半岛的威海，东南沿海的嵊泗、舟山、平潭一带。其中，平潭一带年平均风速为 8.7 m/s，是全国平地上最大的。此外，松花江下游地区的风能资源也很丰富。

（2）风能较丰富区

风能较丰富区是指一年内风速在 3 m/s 以上超过 4000 h，6 m/s 以上超过 1500 h 的地区。该区域风力资源的特点是有效风能密度一般超过 150~200 W/m²，3~20 m/s 风速出现的全年累计时间为 4000~5000 h。

风能较丰富区包括从汕头到丹东一线靠近东部沿海的很多地区（如温州、莱州湾、烟台、塘沽一带），图们江口—燕山北麓—河西走廊—天山—阿拉山口沿线的"三北"地区南部（如东北的营口，华北的集宁、乌兰浩特，西北的奇台、塔城），以及青藏高原的中心区（如班戈地区、唐古拉山一带）。其实青藏高原风速不小于 3 m/s 的时间很多，之所以不是风能丰富区，是因为这里海拔高，空气密度较小。

（3）风能可利用区

风能可利用区是指一年内风速在 3 m/s 以上的超过 3000 h，在 6 m/s 以上的超过 1000 h 的地区。该区域有效风能密度为 50~150 W/m², 3~20 m/s 风速年出现时间为 2000~4000 h。该区域在我国分布范围最广,约占全国面积的 50%,如新疆的乌鲁木齐、吐鲁番、哈密,甘肃的酒泉,宁夏的银川,以及太原、北京、沈阳、济南、上海、合肥等地。

以上三类地区,都有较好的风能利用条件,总计占全国总面积的 2/3 左右。

(4)风能贫乏区

风能贫乏区指平均风速较小或者出现有效风速的时间较少的地区,包括属于全国最小风能区的云贵川和南岭山地,由于山脉屏障使冷、暖空气都很难侵入的雅鲁藏布江和昌都地区,以及高山环抱的塔里木盆地西部地区。

2. 风力机的种类

近年来,一般将用作原动机的风车称为风力机。世界各国研制成功的风力机种类繁多,类型各异。各种类型的风力机至少包括叶片(有些称为桨叶)、轮毂、转轴、支架(有些称为塔架)等部分。其中由叶片和轮毂等构成的旋转部分又称为风轮。

按转轴与风向的关系,风力机大体上可分为两类:一类是水平轴风力机(风轮的旋转轴与风向平行);另一类是垂直轴风力机(风轮的旋转轴垂直于地面或气流方向)。

(1)水平轴风力机

水平轴风力机应用比较广泛。为了使风向正对风轮的回转平面,一般需要有调向装置进行对风控制。

①荷兰式风力机。

荷兰式风力机(图 8-15)于 12 世纪初由荷兰人发明,因此被称为"荷兰式风车",曾在欧洲(特别是荷兰、比利时、西班牙等国)广泛使用,其最大直径超过 20 m。这可能是出现最早的水平轴风力机。

②螺旋桨式风力机。

螺旋桨式水平轴风力机(图 8-16)是目前技术最成熟、生产量最多的一种风力机。这种风力机的翼型与飞机的翼型类似,一般多为双叶片或三叶片,也有少量用单叶片或四叶片以上的。风力发电使用最多的就是螺旋桨式风力机。

图 8-15　荷兰式风车

图 8-16　螺旋桨式风力机

③多翼式风力机。

多翼式风力机(也称多叶式风力机)，其外观如图 8-17 所示，一般装有 20 枚左右的叶片，是典型的低转速大扭矩风力机。

图 8-17　多翼式风力机

④离心甩出式风力机。

图 8-18 为离心甩出式风力机的原理图，它采用空心叶片，当风轮在气流的作用下旋转时，叶片空腔内的空气因受离心力作用而从叶片尖端甩出，并"吸"来气流从塔架底部流入。与风力发电机耦合的空气涡轮机安装

111

在塔底内部，利用风轮旋转在塔底造成的加速气流推动空气涡轮机，驱动发电机发电。

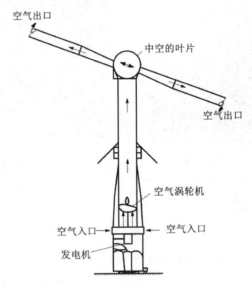

图 8-18　离心甩出式风力机的原理图

⑤涡轮式风力机。

涡轮式风力机也称透平式风力机，如图 8-19 所示，其结构形式与燃气轮机和蒸汽轮机类似，由静叶片和动叶片组成。由于这种风力机的叶片短，强度高，尤其适用于强风场合，如南极和北极地区。

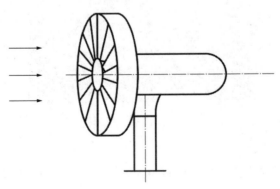

图 8-19　涡轮式风力机

⑥压缩风能型风力机。

压缩风能型风力机（图 8-20）是一种特殊设计的风力机，根据设计特点，又可分为集风式（在迎风面加装喇叭状的集风器，通过收紧的喇叭口将风能聚集起来送给风轮）、扩散式（在背风面加装喇叭状的扩散器，通过逐渐放开的喇叭口降低风轮后面的气压）和集风扩散式（同时具有前两种结构）。

图 8-20　压缩风能型风力机

（2）垂直轴风力机

垂直轴风力机，风轮的旋转轴垂直于地面或气流方向。与水平轴风力机相比，垂直轴风力机的优点是可以利用来自各个方向的风，而不需要随着风向的变化而改变风轮的方向。由于结构的对称性，这类风力机一般不需要对风装置，而且传动系统可以更接近地面，因此结构简单，便于维护，同时也减少了风轮对风时的陀螺力。

①萨布纽斯式风力机（S 式风力机）。

萨布纽斯式风力机由芬兰工程师萨布纽斯（Savonius）在 1924 年发明，在我国常简称为 S 式风力机。这种风力机通常由 2 枚半圆筒形的叶片构成，也有用 3~4 枚的。其基本结构示意图如图 8-21 所示，主要靠两侧叶片的阻力差驱动，具有较大的起动力矩，能产生很大的扭矩。但是在风轮尺寸、质量和成本一定的情况下，S 式风力机能够提供的功率输出较低，效率最大不超过 10%。

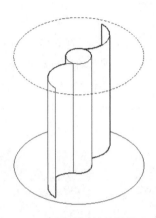

图 8-21　S 式风力机基本结构示意图

②达里厄式风力机(D 式风力机)。

达里厄式风力机是法国工程师达里厄(G. Darrieus)在 1925 年发明的一种垂直轴风力机,常简称 D 式风力机。常见的为 Φ 形结构,如图 8-22(a)所示,看起来像一个巨大的打蛋机,2~3 枚叶片弯曲成弓形,两端分别与垂直轴的顶部和底部相连。现在也有 H 形结构等其他样式的达里厄式风力机,如图 8-22(b)所示。

(a) Φ 形　　　　　　　(b) H 形

图 8-22　达里厄式风力机

③旋转涡轮式风力机。

旋转涡轮式风力机由法国人 Lafond 提出，是一种靠压差推动的横流式风力机。其原理受通风机的启发演变而得。旋转涡轮式风力机结构复杂，价格也较高，有些能改变桨距，起动性能好，能保持一定的转速，效率极高。

3. 风力发电机组

实现风力发电的成套设备称为风力发电系统，或者风力发电机组（简称风力电机组）。风力发电机组完成的是"风能—机械能—电能"的二级转换。风力机将风能转换成机械能，发电机将机械能转换成电能输出。因此，从功能上说，风力发电机组由两个子系统组成，即风力机及其控制系统、发电机及其控制系统。

目前世界上比较成熟的风力发电机组多采用螺旋桨式水平轴风力机。能够从外部看到的风力发电机组主要包括风轮、机舱和塔架三个部分。另外，机舱底盘和塔架之间有回转体，使机舱可以水平转动。

实际上，除了外部可见的风轮、机舱、塔架外，风力发电机组还有对风装置（也称调向装置、偏航装置）、调速装置、传动装置、制动装置、发电机、控制器等部分，都集中放在机舱内。

（1）风力发电机

发电机是风力发电的核心设备，利用电磁感应现象把由风轮输出的机械能转换为电能。

小型风力发电机，过去普遍采用直流发电机，现在已逐步被交流发电机取代。大中型风力发电机，大多数采用交流发电机。

送给用户或送入电网的电能，一般要求是频率固定的交流电（我国规定为 50 Hz 的工频）。由于风能本身的波动性和随机性，传统风力发电机输出的电压频率很难一直满足频率要求。如今，风力发电机大多通过基于电力电子技术的换流器并网，并且衍生出一些新型的风力发电机结构。目前，主流的大中型风力发电机包括恒速恒频的笼式感应式发电机、变速恒频的双馈感应式发电机、变速变频的直驱式永磁同步发电机等类型。

（2）传动和控制装置

除了风轮和发电机这两个核心部分，风力发电机组还包括一些辅助部件，用来安全、高效地利用风能，输出高质量的电能。

①传动机构。

虽说用于风力发电的现代水平轴风力机大多采用高速风轮，但相对于发电的要求而言，其转速其实并没有那么高。考虑到叶片材料的强度和最佳叶尖速比的要求，风轮的转速一般为 18~33 r/min。常规发电机的转速多为 800 r/min 或 1500 r/min。

对于容量较大的风力发电机组，由于风轮的转速很低，远达不到发电机发电的要求，因此可以通过齿轮箱的增速作用来实现。风力发电机组中的齿轮箱也称增速箱。在双馈式风力发电机组中，齿轮箱是一个不可缺少的重要部件。大型风力发电机的传动装置，增速比一般为 40~50。这样，可以减轻发电机质量，从而节省成本。对于小型风力发电机组，由于风轮的转速和发电机的额定转速比较接近，通常可以将发电机的轴直接连到风轮的轮毂上。

②对风系统。

自然界的风，方向多变。只有让风垂直地吹向风轮转动面，风力机才能最大限度地获得风能。为此，常见的水平轴风力机需要配备调向系统，使风轮的旋转面经常对准风向（简称对风）。对于小容量风力发电机组，往往在风轮后面装一个类似风向标的尾舵（也称尾翼），来实现对风功能。对于容量较大的风力发电机组，通常配有专门的对风装置——偏航系统，一般由风向传感器和伺服电动机组合而成。大型风力发电机组都采用主动偏航系统，即采用电力或液压拖动来完成对风动作，偏航方式通常采用齿轮驱动。

一般大型风力机在机舱后面的顶部（机舱外）有两个互相独立的传感器（风速计和风向标）。当风向发生改变时，风向标登记这个方位，并传递信号到控制器，然后控制器控制偏航系统转动机舱。

③调速和制动装置。

风轮转速和功率随着风速的提高而增加，风速过高会导致风轮转速过高和发电机超负荷，危及风力发电机组的运行安全。调速安全机构的作用是使风轮的转速在一定的风速范围内基本保持不变。风力发电机一般还设有专门的制动装置，当风速过高时使风轮停转，保证强风下风力发电机组的安全。

（3）塔架和机舱

机舱除了用于容纳所有机械部件外，还承受所有外力。塔架是支撑风轮和机舱的构架，目的是把风力发电装置架设在不受周围障碍物影响的高空中，其高度视地面障碍物对风速影响的情况，以及风轮的直径大小而定。现代大型风力发电机组的塔架高度有的已达 100 m。塔架除了起支撑作用，还要承受吹向风力发电机组和塔架的风压，以及风力发电机组运行中的动荷载。此外，塔架还能吸收风中机组的振动。

4. 风电场

风电场的概念于 20 世纪 70 年代在美国提出，很快在世界各地普及。如今，风电场已经成为大规模利用风能的有效方式之一。

风电场是在某一特定区域内建设的所有风力发电设备及配套设施的总称。在风力资源丰富的地区，将数十至数千台单机容量较大的风力发电机组集中安装在特定场地，按照地形和主风向排成阵列，组成发电机群，产生大量的电力并送入电网，这种风力发电的场所就是风电场。

风力发电具有很多优点，例如：

① 没有直接的污染物排放。风力发电不涉及燃料的燃烧，因而不会释放二氧化碳，不会形成酸雨，也不会造成水资源的污染。

② 不需要水参与发电过程。水力发电和海洋能发电需要以水为动力。火力发电、核电、太阳能热发电、地热发电、生物质燃烧发电等形式，需要以水蒸气作为工作物质，也需要水作为冷却剂。而风力发电不涉及热过程，因而不需要消耗水。这个优点对于目前水资源短缺的严峻事实来说显得极其重要。

(1) 海上风电场

与陆上风电场相比，海上风电场建设的技术难度较大，所发电能需要敷设海底电缆输送。海上风电场的优点主要是不占用宝贵的土地资源，基本不受地形地貌影响，风速更高，风能资源更为丰富，风力发电机组单机容量更大，年利用小时数更高。

世界风能陆上资源储量约为 4×10^4 TW·h，该值为世界电力需求的 2 倍以上，而海上资源储量为陆上的 10 倍。陆上风力发电机组商业装置的设备利用率必须为 20%~25%，海上风力发电机组建设费用上升，达到成本核算有利水平的设备利用率需 35%~40%。欧洲海上风力发电机组的设备利用率已有数例大幅度超过 40%。

海上风电关键技术主要包括风资源评估、基础建设、机组设计、抗盐蚀、风电场监控、机组安装、电网接入等。

（2）小风电应用

为了满足国内农村地区人民生活生产用电和国外市场日益增长的需求，中国开发了单机容量 100 W、200 W、300 W、500 W、1 kW、1.5 kW、2 kW、5 kW、10 kW、20 kW、30 kW、50 kW 和 100 kW 的小型水平轴风力发电机组和 400 W~10 kW 的小型垂直轴风力发电机组。到 2012 年年底，中国已累计安装 50 万台各类小型风力发电机组，为国内约 40 万户农牧渔民家庭（约 200 万人）提供家用电力。使用小型风力发电机组后，当地用户的生活条件明显得到改善。目前，中国各地约有 25 万台小型风力发电机组正在运行发电，为用户供应日常生活用电。在过去的 5 年中，约有 15 万台小型风力发电机组出口到其他国家和地区。现在，200 W、300 W、500 W、800 W、1 kW、1.5 kW、2 kW 的小型风力发电机组已在中国远离电网的农牧地区广泛应用；5 kW、10 kW 的小型风力发电机组已经在中国农牧地区和通信基站批量应用；20 kW、30 kW 小型风力发电机组已经在中国的油田进行示范应用。与此同时，我国 10 kW、20 kW、30 kW 和 50 kW 的小型风力发电机组批量出口欧美发达国家做并网式应用。最近，中国制造的 100 kW 风力发电机组也有少量出口，进入发达国家的市场。

小型风力发电系统由风力发电机组、控制装置、蓄能装置和电能用户的电气负荷等组成，如图 8-23 所示。风力发电机组是风能转换为电能的关键设备。由于风能的随机性，风力的大小时刻变化，风力发电系统必须根据风力大小及电能需求量的变化及时通过控制装置对风力发电机组的起动、运行状态（转速、电压、频率）、停机、故障保护（超速、振动、过负荷等），以及对电能用户负荷的接通、调整及断开等进行调节和控制。为了保证用户在无风期间内可以不间

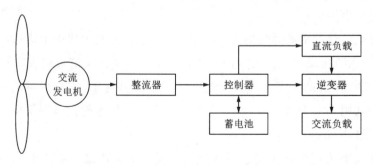

图 8-23　小型风力发电系统

断地获得电能,系统还需要配备蓄能装置,同时在大风风能急剧增加时,蓄能装置可以储存多余的电能备无风时使用。为了实现不间断的供电,风力发电系统还可以配备逆变电源和备用柴油发电机组。

8.5　水能及其利用

1.水力发电原理和水电站构成

(1)水力发电的原理

水力发电是一种把水的势能和动能转换为机械能,再把机械能转换为电能的能量转换过程。其基本原理是利用水的重量与水流的冲击力推动水轮机,再由水轮机带动发电机发电,最后通过变电和输配电设备,将电能输送到电网或直接供用户使用。

水能为自然界的可再生性能源,随着水文循环周而复始,重复再生。水力发电在水能转换为电能的过程中不发生化学变化,不排泄有害物质,对环境影响较小,因此被认为是一种可再生的清洁能源。

在水电站中,水轮机发出的电力功率为出力。水流的出力为单位时间内的水能,能量可表示为

$$N = 9.81\eta QH \tag{8-1}$$

式中:N 为水电站出力(kW);η 为水轮发电机组的总效率,为 0.7~0.9;Q 为流量(m^3/s);H 为水头(m)。

对于小型水电站,出力近似为

$$N = (6.0 \sim 8.0) \times QH \tag{8-2}$$

式中:6.0~8.0 为水轮发电机组的效率系数。

年发电量为

$$E = NT \tag{8-3}$$

式中:N 为平均出力;T 为年利用小时数。

(2)水电站的开发方式

因为水的能量与其流量和落差(水头)成正比,所以利用水能发电的关键是集中大量的水及形成大的水位落差。天然水能存在的状况不同,开发利用的方

式也有所差异。按集中落差(水头)的方式,水电的开发方式可以分为堤坝式、引水式(图8-24)和混合式等。

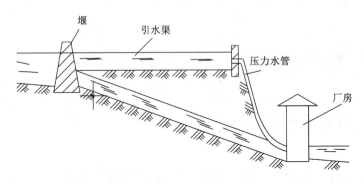

图8-24　引入式水电站示意图

(3)水力发电机组和水轮机

水力发电机组包括水轮机、发电机及与其配套的水轮机调速器、油压装置、励磁装置和电站控制设备等。按照工作的水头高低可将水力发电机组分为低水头、中水头和高水头水力发电机。低水头水力发电机由于其水头低,要获得一定的发电功率,要求水流量必须很大,典型的机子有轴流式水力发电机;高水头水力发电机水头较高,水的能量较大,相对低水头水力发电机而言,其要求的水流量较小,典型的机子为水斗式水力发电机。

水力发电机组还可按照安装方式分为立式和卧式。立式水力发电机发电机组安装的时候是直立式的,转动轴与地面垂直,由于发电机在上部,水轮机在下部,有利于发电机防水防潮,一般低、中速的大、中型发电机组多采用立式发电机。卧式水力发电机发电机组安装的时候是平放的,转动轴与地面平行,优点是容易安装固定,发电机平放可以利用其他动力来带动,水轮机也可以带动其他机器,卧式水力发电机适合中小型、贯流式及冲击式水轮机。

(4)水电站的水工建筑

水利工程建筑物(简称水工建筑)主要用来集中天然水流的落差,形成水头,并与水库汇集、调节天然水流的流量,保证上游水库中的水具有较高的势能。水电站的水工建筑包括拦河坝、闸、引水渠道、压力前池、压力水管及发电厂房、尾水渠道等。

①拦水建筑。

拦水建筑物主要是坝，用于截断河流、集中落差和水量、形成水库的大型水工建筑，坝是水利枢纽工程的主体。常见的坝型有土坝、混凝土重力坝、拱坝和支墩坝。

②引水建筑。

引水口是由河道或水库引取发电用水的入水口，通常要设置闸门，即进水闸。水电厂的引水流速一般都不大，设置好的引水口轮廓可以减小水头损失，降低工程造价和设备费用。引水的喇叭口开得大时，引水口的水头损失小，但孔口的配筋多，闸门尺寸大会对坝体结构产生不利影响；相反，引水的喇叭口开得小时，会产生完全相反的利弊问题。引水渠道可以是隧洞、渠道或管道，其作用是将具有一定水头并且符合水质要求的水输送到水电厂，分为无压引水和有压引水两种类型。

③发电厂房。

发电厂房是水电站的关键，需考虑水电站枢纽布置、水头、流量、进水方式、机组型号、台数和传动方式、地形、地质和水文条件等。厂房内装设水轮机、发电机、配电盘和其他辅助设备，应按运行要求将这些设备合理布置，达到操作方便、采光充足、通风良好、检修容易、工作方便、节约投资的要求。

水电站厂房布置可分为卧轴冲击式水轮机房、卧轴混流式水轮机房、轴流定桨式水轮机厂房、立轮混流式水轮机厂房及贯流式水轮机厂房。

2.小水电的概念

传统的大中型水电站对环境有很多负面影响，例如，大坝阻挡天然河道的畅通，阻隔泥沙的下泄，改变陆地和水生生态系统，淹没土地，产生大量移民，以及工程施工造成水土流失、植被破坏和空气污染等。而小水电对生态环境的影响要小得多，因而开始逐步受到人们的重视。

小水电的装机容量定义因各国国情而异，目前以 10 MW 作为小水电的装机容量上限已逐渐被认可。小水电也包括小小型和微型水电站，但小小型和微型水电站一般完全局限于为局部地区供电。联合国工发组织召开的国际小水电第二次会议建议对小水电规模作以下定义：小水电站为 1001～12000 kW，小小水电站为 101～1000 kW，微型水电站为 100 kW 及以下。

3. 我国小水电资源及分布

我国的小水电资源主要分布在远离大电网的山区，既是农村能源的重要组成部分，也是大电网的有力补充。

根据《世界小水电发展报告 2013》（WSHPDR 2013），全球范围的小水电潜在资源约为 1.73 亿 kW，其中超过一半分布于亚洲地区，而我国更是小水电资源十分丰富的国家。

2009 年，水利部发布了全国农村水能资源调查评价成果，此次农村水能资源调查评价是对 2000—2004 年全国水力资源复查工作的补充复查，首次对单河水能资源理论蕴藏量 10 MW 以下的河流进行了详查。调查评价工作涉及我国 16500 多条河流，评价成果显示，单河水能资源理论蕴藏量 1 万 kW 以下河流理论蕴藏量为年电量 2662 亿 kW·h，平均功率 3039.1 万 kW，由此可看出我国小河流蕴含水能丰富。全国单站技术可开发装机容量 100 kW（含）~ 5 万 kW（含）的农村水电装机容量约 12800 万 kW，位居世界首位，其中 62% 的资源集中在西部地区，年发电量可达 5350 亿 kW·h。截至 2005 年年底，全国已开发、正在开发农村水电装机容量 6908.6 万 kW，年发电量 2875 亿 kW·h，分别占技术可开发量和年发电量的 54.0% 和 53.7%。

从分布区域来看（图 8-25），我国农村水能资源技术可开发量华北地区为 2909 MW，占全国的 2.27%；东北地区为 5550 MW，占全国的 4.33%；华东地

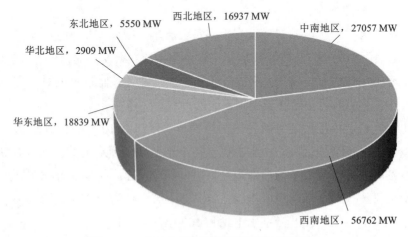

图 8-25　农村水能资源技术可开发区域分布

区为 18839 MW，占全国的 14.71%；中南地区为 27057 MW，占全国的 21.13%；西南地区为 56762 MW，占全国的 44.33%；西北地区为 16937 MW，占全国的 13.23%。图 8-26 为我国农村水能资源技术可开发流域分布图，长江流域技术可开发量为 55317 MW，占全国的 43.2%。

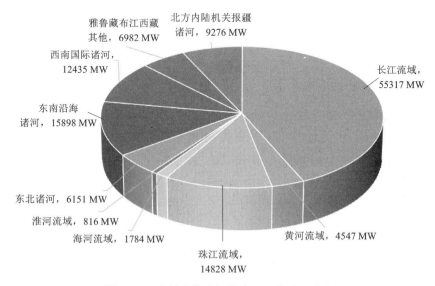

雅鲁藏布江西藏其他，6982 MW
北方内陆机关报疆诸河，9276 MW
西南国际诸河，12435 MW
东南沿海诸河，15898 MW
长江流域，55317 MW
东北诸河，6151 MW
淮河流域，816 MW
海河流域，1784 MW
珠江流域，14828 MW
黄河流域，4547 MW

图 8-26 农村水能资源技术可开发流域分布

4. 抽水蓄能电站

在水能资源的利用中，不仅可以通过建设水电站进行发电，也可以通过建设抽水蓄能电站将电能转换为水的势能储存起来，从而达到"削峰填谷"的作用。抽水蓄能电站在国外已广泛应用多年，我国也已开始大力建设。

（1）抽水蓄能电站的构成和原理

抽水蓄能发电是水能利用的另一种形式，它不是开发水能资源向电力系统提供电能，而是以水体作为能量储存和释放的介质，在电力有剩余时把能量储存起来，在电力不足时把能量释放出来，对电网的电能供给起重新分配和调节的作用。

抽水蓄能电站一般采用兼具水泵和水轮机两种工作方式的可逆式水轮机。可逆式水轮发电机组有两种工况：在电力负荷出现低谷时（夜间），可逆式水轮机作为水泵运行，发电机作为电动机运行，电动机从电网吸收电能(火电机组发出的过剩电能)并带动水泵，将下水库的水抽到上水库储存起来，称为正向抽水；在电力负荷出现高峰时，将上水库的水释放下来，可逆式水轮机当作水轮机运行，驱动发电机产生电能，称为反向发电。

　　抽水蓄能和放水发电的过程虽然是可逆的，但是能量会出现损失。水力发电量与抽水耗电量之比约为 75%，即用 1 kW·h 的电能将下水库的水抽到上水库，再将上水库的水释放用来发电时，由于各种损耗使得发电量最多只有 0.75 kW·h。但是由于用电高峰(峰电)时刻与用电低谷(谷电)时刻的上网电价之比大于 1，国外一般为 4∶1，因此建造抽水蓄能电站还是有巨大的利润空间的。

　　抽水蓄能电站的水工建筑，主要由一个上游水库(上库)、一个下游水库(下库)、引水系统(高压部分)、引水系统(低压部分)、电站厂房等组成。抽水蓄能电站的基本结构，如图 8-27 所示。

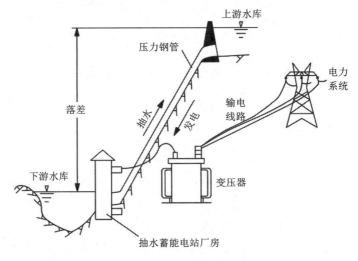

图 8-27　抽水蓄能电站示意图

　　(2)抽水蓄能电站的应用状况

　　瑞士 1879 年建成的勒顿抽水蓄能电站，是世界上第一座抽水蓄能电站。1882 年，瑞士又在苏黎世建造了奈特拉电站，功率为 515 kW，是一座季节型抽水蓄能电站，有很多人认为这是世界上第一座抽水蓄能电站。

20 世纪后期，世界抽水蓄能电站的发展很快，尤其 60—80 年代是抽水蓄能电站高速发展的黄金时期。1950 年全世界抽水蓄能电站总装机容量为 160 万 kW，1960 年为 342 万 kW，1970 年为 1160 万 kW，1980 年为 4652 万 kW，1990 年为 8068 万 kW，每十年平均年递增率顺次为 7.89%，17.14%，10.8%，10.6%。2000 年超过 1 亿 kW。到 20 世纪 80 年代末，世界上一些工业发达国家，如瑞士和法国的水能资源已几乎全部开发。后来，日本等国的常规水电站可经济选择的站址也已基本开发完毕，主要以抽水蓄能电站的建设为主。至 2010 年，全球抽水蓄能电站总装机量已增至 13500 万 kW，主要分布在日本、美国、中国、意大利、西班牙、德国、法国等，近八成分布在欧洲、美国、日本及中国。

中国也很重视抽水蓄能电站的开发。除了常规水电站以外，我国抽水蓄能电站的建设也取得了很大的成绩。20 世纪 70 年代以来，以绿色电力为主的地区性电网系统均需要发展新型抽水蓄能电站（如采用新的可再生清洁能源直接驱动抽水动力装置作为新型蓄能泵），提高能源效率。抽水蓄能电站主要建于水能资源较少的地区，以适应电力系统调峰的需要。20 世纪 90 年代，我国抽水蓄能电站开始进入大规模发展阶段。到 2013 年年底，我国建成抽水蓄能电站 2151 万 kW，机组利用小时为 1281.9 h，等效可用系数为 97.41%。已投运的抽水蓄能机组中，天荒坪与广州抽水蓄能电站机组单机容量 30 万 kW，已达到单级可逆式水泵水轮机世界先进水平。尽管如此，在我国可供调峰的燃气机组比例很低的情况下，抽水蓄能机组容量仍只占总装机容量的 1.76%，比美国、日本和欧盟等少得多。2021 年 12 月 30 日，世界最大抽水蓄能电站河北丰宁抽水蓄能电站正式投产发电，总装机容量 360 万 kW，总投资超过了 192 亿元，共安装 12 台抽水蓄能发电机组。

第9章

低碳生活方式

　　低碳生活，节能环保，不仅能减少二氧化碳排放量，而且有利于减缓全球气候变暖和环境恶化的速度，低能量和低消耗、低开支的生活方式不仅能保护地球环境，同时也能保证人类在地球上长期舒适、安逸地生活和发展。提高节能减排的意识，对自己的生活方式和消费习惯进行简单的改变，减少全球温室气体，主要是二氧化碳的排放，意义十分重大。

9.1　低碳居家生活

　　我国城市家庭的平均待机能耗已经占到家庭总能耗的10%左右，一般家庭拥有的电视机、空调、音响、电脑、饮水机等，待机能耗加在一起，相当于开着一盏30 W的长明灯。全国仅电视机每年因待机耗电25亿kW·h。一般电冰箱中放置的物品宜为冰箱容积的58%～62%，太空或者太满，都会增加能耗，冰箱内实物离内壁最好在1 cm以上，冻几个冰盒子放入冷藏室，这么做可以让压缩机工作时间变短，节约能源。

　　1.电视机节能

　　(1)电视机音量适宜

　　电视机的声音大小与能耗成正比。声音越大，能耗越大，当声音过大时，容易使声音的输出波形失真，会产生噪声。不仅声音刺耳，而且对人体的听力有危害，所以声音不宜调得过大，一般为最大声音的1/5～1/4即可。

(2)电视机亮度适中

电视机越亮能耗越大,最亮时要多消耗 50%~60% 的电能,收看时应该根据环境的亮度适当调节电视机的亮度,稍微调暗一些,既保护视力,收看也不受影响,还能节能。

2.降低洗衣机能耗

(1)让洗衣机在额定负载下工作

为了节约洗涤产品、能源和用水,最好让洗衣机工作在额定负载下(但要避免洗衣机超负荷运行),洗一次比分两次洗涤要节能近 55%。

(2)不用预洗功能

预洗功能比较费电,可以用先浸泡一段时间再洗涤来代替预洗,这样去污效果更好,而且可以节约 10% 左右的电能。

(3)降低洗衣机的工作温度

洗涤前先用洗衣粉等去污产品浸泡衣物,洗涤时可以降低水温。如果水温相差 30% 则可节约 50% 的电能。

(4)洗衣机在同样长的洗涤时间里,使用强挡其实比弱挡省电

按转速 1680 r/min,1 min 脱水即可达 50%。脱水不宜超过 3 min。否则既伤害衣物,也不能使脱水效果变得更好。

3.降低空调能耗

①根据室温调节舒适温度,制冷时调高 1 ℃,制热时调低 2 ℃,可节能 15% 左右,而人体不会有不适的感觉。

②对空调过滤器要经常清扫,最好每个月清扫一次。

③用空调时要注意保持室温,要减少室内与室外的热交换,降低能耗。

④保证空调处于通风状态,保持良好的热交换状态,有利于节能。

⑤制冷时出风口向上,制热时出风口向下,有利于空气的对流,能够使调温效率提高。

4.使用节能灯

节能型灯具的特点是功率小且照明度高,比白炽灯节电 70%~80%,寿命一般为 8000~10000 h,是白炽灯的 8~10 倍。一般钨丝灯所消耗的能源 90% 都会变成热能,只有 10% 转化为光能,而节能灯既能使屋内光线充足,又可节省

75%的电能,并比普通灯泡耐用 5~10 倍。以 8 W 优质节能灯为例,其测定寿命为 5000 h,而具有同样照明效果的 40 W 白炽灯换成 8 W 的节能灯,单灯日照按 6 h 算,每年每户可节电 70 kW·h。

9.2 低碳交通

1. 优先发展公共交通

城市轨道交通具有运量大、效率高、用地省、低能耗、全天候、噪声低、污染少和安全舒适的特点。在有条件的大城市修建轨道交通缓解交通压力,合理规划并与公交、自行车、步行、出租车等多种交通方式有机结合,协调运营,促进交通运营的多层次和多元化,实现集约、畅达、低碳化、绿色化。表 9-1 示出了发展中国家不同机动车 CO_2 排放水平,可见发展公共交通能够降低单位乘次 CO_2 排放当量,有助于减排。

表 9-1 发展中国家不同机动车 CO_2 排放水平

种类	平均承载率/(人·车$^{-1}$)	单位乘次 CO_2 排放当量
轿车(汽油)	2.5	130~170
轿车(柴油)	2.5	85~120
轿车(天然气)	2.5	100~135
轿车(电力)	2.0	30~100
摩托车(两冲程)	1.5	60~90
摩托车(四冲程)	1.5	40~60
中巴车(汽油)	12.0	50~70
中巴车(柴油)	12.0	40~60
公共汽车(柴油)	40.0	20~30
公共汽车(天然气)	40.0	25~35
公共汽车(氢燃料电池)	40.0	15~25
轨道交通	75	20~50

2.鼓励低能耗、高能效交通工具的使用

降低交通工具燃油消耗能够实现节能减排，措施包括车辆轻型化、小型化、以塑代钢；改进设计新型发动机，提高能效；改变燃料结构，多用高 H/C 燃料，更多利用生物质能等，开发和推广新能源汽车，一般新能源汽车动力方式包括混合动力、纯电动、氢发动机、燃料电池、其他新能源等。从节能效果来看，混合动力汽车能够实现综合节油 20% 左右，能够大大减少排碳。针对出租车加大"油改气"工程，加大对公交公司购买混合动力公交车的补贴力度，充分体现政府对节能与新能源汽车的扶持和激励，增加加气站，解决混合动力车加气难的问题。改善用车环境，提高效率。

3.居民出行时空分离

针对短时间出现工作出行高峰情况，应积极推广错峰上下班等弹性工作制策略，起到"削峰填谷"平衡出行作用。弹性工作制，就是企业根据自身实际情况制定灵活的工作时间制度以调节员工们上下班的时间。这项制度可以影响员工的通勤交通方式的选择，有效缓解城市交通高峰时段的拥堵压力，同时改善区域空气质量及减少交通温室气体排放。

4.倡导非机动交通方式出行

政府应当重新认识自行车、步行等非机动交通方式的重要作用，并积极制定相应的鼓励和保障政策，改善非机动交通方式出行的环境，宣传并鼓励居民非机动交通出行，在城市内提高步行和自行车出行的比例，减少城市交通拥堵及碳排放。

9.3　低碳饮食

1.减少食物浪费

减少食物浪费可以直接降低食物碳排放的总量，目前食物浪费较为严重，也逐渐引起了人们的重视。联合国可持续发展目标（SDGs）也明确提出：到2030 年，要将零售和消费环节的全球人均食物浪费减半，减少生产和供应环节的食物损失。

在全社会大力倡导节约食物的风气。首先政府应加强科学消费的舆论引导，在全社会营造"节约食物文明，浪费食物可耻"的氛围。其次要逐步建立促进资源节约的各项规章制度，通过立法和经济等手段，制定用餐节约鼓励制度与浪费惩罚制度，打造节约型社会风气，使食物节约拥有约束机制。逐步加强分餐制的研究，试点推行分餐制，减少食物浪费。

2.优化消费结构，引导食物可持续消费

在现行居民膳食指南的基础上，制定食物可持续消费战略与行动。相关研究表明，目前的中国居民膳食指南对居民饮食实际指导作用有待加强，70%的居民不了解膳食指南，不清楚各类食物的推荐摄入量，也不了解食物碳足迹相关知识(表9-2示出了部分食物的碳足迹参数)。加强科普和引导，综合宣传优化食物结构带来的各种环境效益尤其是健康效益。逐步提高消费者主动的食物可持续消费意识，逐渐转变不合理的食物消费方式和消费理念。需要注意的是，优化食物结构还需考虑区域特征、城乡差异、群体差异等，既要因地制宜、长远考虑，又要保证公平性原则。

表 9-2　各类食物碳足迹参数　　　　单位：gCO_2e/g

食物种类	均值	最小值	最大值
牛肉(beef)	21.3	2.21	83.5
羊肉(lamb)	13.36	0.69	34.03
猪肉(pork)	4.22	1.45	12.1
禽肉(poultry meat)	3.92	0.8	10.66
水产品(finfish and sheltfish)	4.84	0.07	28.3
其他肉类(other meats)	10.7	1.29	83.5
蛋类(eggs)	3.26	0.67	5.8
牛奶(milk)	1.45	0.53	8.05
酸奶(yogurt)	1.55	1.14	2.2
奶制品(dairy products)	8.99	1	25
大米(rice)	2.47	0.24	6.4
小麦(wheat)	0.97	0.29	3.33

续表9-2

食物种类	均值	最小值	最大值
玉米(maize)	0.53	0.4	0.66
豆类(legumes)	1.29	0.1	8.93
其他谷物(other cereals)	1.14	0.34	4.17
水果(fruits)	0.88	0.06	7.7
干果(dried fruits)	1.86	0.5	3.77
蔬菜(vegetables)	0.87	0.04	4.92
植物根茎(tubers and starches)	0.19	0.08	0.4
植物油(vegetable oil)	2.82	0.53	7.66
饼干(biscuits)	1.57	0.71	2.93
面包(bread)	1.02	0.26	2.2
饺子(dumpling)	4.57	0.56	17.3
糖类(sugars)	0.59	0.21	1.31
甜品(sweets)	2.44	1.5	3.7
酒水(alcoholic beverages)	1.78	0.8	5.3
饮料(beverages)	0.67	0.2	1.09
其他(other)	0	0	0

9.4 低碳社区

低碳社区是利用低碳技术实现社区能源供应、资源、交通、用地、建筑等领域的综合应用，以及通过激励社区成员改变自身的行为模式，进而影响整个社区的环境，以达到降低社区总的碳排放强度的目的。低碳社区更好地实现了节能减排和碳中和，包括绿色建筑、绿色建筑的能效管理、生态社区等。

（1）2009年底，全国工商联房地产商会首次发布中英文全球版《中国绿色低碳住区减碳技术评估框架体系》，从此对低碳社区有了明确的界定。《中国绿色低碳住区减碳技术评估框架体系》纳入"熊猫"标准。《中国绿色低碳住区减碳技术评估框架体系》将从建筑节能、绿化系统、节水、交通、建造期共 5 个指标来评价楼盘是否低碳。

（2）绿色低碳住区的主要特征是对资源和能源需求较普通住区要小很多，尤其是在住区运行期间，降低住区资源和能源消耗，减少 CO_2 排放的主要技术如下：

①遵循非机动交通（含步行、自行车等）和公共交通优先原则，发展以人为本的交通体系和道路设计。

②优先发展可高效吸收 CO_2 的景观绿化体系。

③通过规划设计减少"热岛效应"，在改善室外环境舒适性的同时，减少建筑空调的能耗。

④通过室外风环境优化设计，使建筑物前后压差在冬季不大于 5，在夏季保持在 1.5 左右，以减少冬季的冷风渗透和有利于夏季和过渡季的室内自然通风。

⑤合理布置住宅平面，以利于自然通风。

⑥充分利用天然采光，减少人工照明能耗。

⑦改善建筑围护结构的热工性能，降低建筑空调能耗和采暖负荷。

⑧合理选择建筑中各设备系统内的能源供应方案，优化各设备系统的设计和运行。

⑨充分、高效利用各种可再生能源，减少空调、采暖、生活热水、炊事、照明等住宅常规能源的消耗，降低对环境的影响。

⑩依据高质水高用、低质水低用的用水原则，提高非自来水在用水总量中的比例，并结合节水器具和设备的使用，减少市政自来水用量，从而减少自来水的生产能耗。

⑪采用节能高效的污水处理技术，实现污水处理与再生利用。

⑫使用可回收、可再生、可再利用和对环境影响小的建筑材料和结构体系。

⑬尽可能就地取材。

⑭采用全生命周期内资源消耗少、环境影响小的物业办公和家庭用家电、家具产品。

⑮提倡居民自愿选择碳平衡手段，消减各种碳汇。

无论何种类型的低碳社区，其建设目的都在于利用低碳技术实现社区能源供应、资源、交通、用地、建筑等领域的综合应用，以及通过激励社区成员改变自身行为方式，进而影响整个社区的环境，以达到降低社区总的碳排放强度的目的。

第 10 章

碳排放权交易

碳排放权交易(以下简称碳交易)是以市场为基础的碳定价工具,是一种以最具成本效益的方式减少碳排放的激励机制。人类活动和经济发展伴随的大规模化石能源消耗产生了大量温室气体,提高了碳环境容量的稀缺程度。人类生产生活中过量使用碳环境容量会产生极高的社会成本,而碳交易市场的碳定价就是对温室气体排放给社会带来的外部成本进行市场定价,使其价值在市场中反映出来。碳交易允许碳排放配额在不同企业之间交易,从而实现碳排放资源在全社会范围内的高效配置,利用市场机制控制和减少温室气体排放达到推动经济发展方式绿色低碳转型的目的,是实现碳达峰碳中和的重要途径。

10.1 碳交易的产生及发展

1. 碳交易的产生

1988 年 6 月,在加拿大多伦多召开的"变化中的大气:对全球安全的影响"国际会议,首次将全球变暖作为政治问题来看待,同年成立政府间气候变化专门委员会(IPCC)。20 世纪 90 年代初,欧洲国家开始考虑控制和削减二氧化碳排放。1992 年,欧盟委员会提出在欧盟引入碳税和能源税的方案,但是该方案并未通过;芬兰、瑞典和丹麦等国家开始单边实施碳税。同年,在里约热内卢召开的联合国环境与发展会议上,与会各国签订了《联合国气候变化框架公约》

并于 1994 年正式生效。《联合国气候变化框架公约》是世界上第一个有法律约束力的公约，在公约的基础上，还需要做出更加细化并具有强制和可操作性的承诺，由此开始了旷日持久的关于加强发达国家义务及承诺的谈判，谈判历经艰辛，直到 1997 年在日本京都召开的《联合国气候变化框架公约》第 3 次缔约方大会才初步形成关于限制温室气体的方案《京都议定书》。2005 年 2 月 16 日，《京都议定书》正式生效，这是人类历史上首次以法规的形式限制温室气体排放，其中提出二氧化碳的排放权可以像普通商品一样交易，碳交易应运而生。2015 年 12 月，《联合国气候变化框架公约》第 21 次缔约方大会上，近 200 个缔约国签署了《巴黎协定》，正式对 2020 年后全球应对气候变化的行动做出统一安排，打开了全球气候治理的新格局。《京都议定书》完全坚持了共同但有区别的责任与各自能力原则，规定发达国家应强制减排，而发展中国家则无须承担强制减排任务，这是一种自上而下的制度安排。这种刚性要求限制了减排的责任主体，其执行的效果更因部分发达国家拒绝执行具体减排指标而大打折扣。而《巴黎协定》采取了缔约的方式，以"自主贡献+全球盘点"的形式自下而上地安排减排目标和行动，强调减排的差异性与自主性，通过权衡各方诉求，激励各国积极参与全球气候治理，有利于实现各国乃至全球总体的减排限排目标，这样的法律形式符合当前国际社会的现实及需要与全球气候合作治理的格局。2021 年 11 月 14 日，《联合国气候变化框架公约》第 26 次缔约方大会在英国格拉斯哥顺利闭幕。大会形成了《格拉斯哥气候协议》，就《巴黎协定》中透明度、国家自主贡献共同时间框架等问题形成了统一意见，在气候适应、资金支持方面提出了新的目标和举措，为各国落实《巴黎协定》提供了规则、模式和程序上的指引。《格拉斯哥气候协议》的达成，意味着各缔约方就《巴黎协定》实施细则最终达成一致，《巴黎协定》真正进入实施阶段，全球踏上 21 世纪中叶碳中和的征途。

2. 碳交易的发展概况

(1)碳交易以市场机制创新发展路径

碳交易是应对气候变化的重要政策工具之一，其最大的创新之处在于通过"市场化"的方式为温室气体排放定价。通过发挥市场机制的作用，合理配置资源，在交易过程中形成有效碳价并向各行业传导，激励企业淘汰落后产能、转型升级或加大研发投资。碳市场机制的建立，特别是碳金融的发展，有助于推动社会资本向低碳领域流动，鼓励低碳技术和低碳产品的创新，培育推动经济增长的新型生产模式和商业模式，为培育和创新发展低碳经济提供动力。

在疫情下，各国的经济活动都受到了不同程度的影响，并对各地碳市场的运行带来了一定程度的冲击，导致碳价下跌。但主要碳市场表现出了市场韧性，经历了短时间的波动后，价格稳步回升，经受住了疫情的冲击。各国家和地区纷纷提出碳中和目标，重视和加大了对低碳绿色发展的投入。究其原因，应对气候变化、发展低碳经济、加大对新能源和可再生能源领域的投资，不但有利于减少污染物排放，更有利于刺激本国经济走出发展困境，促生新的就业岗位和制造新的经济增长点，从而拉动经济的可持续恢复和增长，提高长远竞争力。

(2)碳市场已成为全球主要的减碳政策工具

在过去的十几年里，碳市场逐步建成并在全球范围内迅速扩张。根据国际碳行动伙伴组织等发布的《碳排放权交易实践手册：设计与实施》(第二版)和世界银行发布的《碳定价机制发展现状与未来趋势 2021》，截至2021 年年底，全球范围内共有 33 个正在运行的碳交易体系(1 个超国家机构、8 个国家、18 个省和州、6 个城市)，其中包括中国的全国碳市场和9 个区域碳市场、欧盟碳市场、新西兰碳市场、瑞士碳市场、韩国碳市场、加拿大魁北克碳市场、美国加利福尼亚州碳市场和覆盖美国东部 11 个州的区域温室气体减排行动(Regional Greenhouse Gas Initiative，RGGI)、日本东京和埼玉县碳市场等，这些碳市场覆盖了全球 GDP 的 42%。2021 年全球碳交易市场发展状况见表 10-1。

表 10-1　2021 年全球碳市场发展状况

所处大州	正在实施的碳交易体系主体	计划实施的碳交易体系主体	正在考虑实施的碳交易体系主体
欧洲	● 欧盟(欧盟成员国、挪威、冰岛、列支敦士登) ● 英国 ● 德国 ● 瑞士	● 乌克兰 ● 黑山	● 土耳其 ● 芬兰

续表10-1

所处大州	正在实施的碳交易体系主体	计划实施的碳交易体系主体	正在考虑实施的碳交易体系主体
北美洲	• 区域温室气体倡议(美国康涅狄格州、特拉华州、缅因州、马里兰州、马萨诸塞州、新罕布什尔州、新泽西州、纽约州、罗得岛州、佛蒙特州、弗吉尼亚州) • 美国加利福尼亚州 • 加拿大魁北克省 • 加拿大新斯科舍省 • 美国马萨诸塞州 • 墨西哥	• 交通和气候倡议(美国康涅狄格州、马萨诸塞州、罗得岛州、华盛顿特区) • 美国宾夕法尼亚州	• 美国华盛顿州 • 美国俄勒冈州 • 美国新墨西哥州 • 美国纽约市 • 美国北卡罗来纳州
南美洲		• 哥伦比亚	• 巴西 • 智利
亚洲	• 中国试点地区(北京市、重庆市、福建省、广东省、湖北省、上海市、深圳市、天津市) • 韩国 • 日本琦玉县、东京 • 哈萨克斯坦	• 印度尼西亚 • 越南 • 俄罗斯库页岛	• 泰国 • 日本 • 中国台湾 • 菲律宾 • 巴基斯坦
大洋洲	• 新西兰		

(3)全球典型碳交易市场

目前,碳交易平台主要分布在欧洲、北美、亚洲及南美洲。根据标准的不同,碳交易市场中较通用的产品如欧盟排放额度(EUA)、核证减排量(CERs)、减排单位(ERUs)、自愿减排量(VERs)都可以在这些平台中进行交易。在碳交易市场构架下,全球形成了欧洲市场[以欧盟排放交易体系(EU ETS)为主]、北美市场(以美国、加拿大的区域市场为主)、大洋洲市场(以澳大利、新西兰为主)、亚洲市场(以日本、韩国、印度为代表)、南美市场(以巴西为代表)等主要碳排放交易市场,建立了多元的交易平台。

①欧洲市场[以欧盟排放交易体系(EU ETS)为主]。

欧洲一直是全球应对气候变化的主要推动力量。为确保欧盟各成员国实现《京都议定书》所规定的减排目标,欧盟出台了一系列温室气体减排政策和措施,尤以构建温室气体排放交易体系最为著名。欧盟排放交易体系是迄今为止世界上规模最大、最成功的温室气体排放交易制度实践。在 EU ETS 运行之前,欧洲有四个非常重要的碳排放交易体系实践,包括:英国排放交易体系(UK ETS)、丹麦二氧化碳交易体系、荷兰碳抵消体系及英国石油公司(BP)内部排放交易试验。欧盟碳市场是全球首个碳市场,也是 2017 年底前全球最大的碳市场,涵盖了欧盟 28 个成员国、挪威、冰岛和列支敦士登。经过两年多的艰苦谈判,欧盟议会于 2017 年通过了一项关于欧盟碳排放交易体系改革里程碑式的协议,其中多数修改内容于 2021 年生效。

②北美市场(以美国、加拿大的区域市场为主)。

作为温室气体排放大国之一,美国尚未形成覆盖全国的温室气体减排计划及交易体系。然而,美国国内的部分州和地区已经建立或正在探索建立一些区域性的温室气体减排计划及交易体系,即在部分地区或部分行业内进行的碳交易。已正式启动的交易体系中,具有代表性的主要包括区域温室气体减排行动(RGGI)和西部气候倡议(WCI)。美国区域温室气体减排行动是一个区域性的、强制性的、基于市场方法的集合美国东北部和中大西洋地区十个州(康涅狄格州、特拉华州、缅因州、马里兰州、马萨诸塞州、新罕布什尔州、新泽西州、罗得岛州、纽约州和佛蒙特州),共同努力限制温室气体排放的计划和减排体系,是美国首个强制性、采用市场机制实施的温室气体减排计划。RGGI 是一个总量控制与交易(cap and trade)体系,该交易体系中,各成员可自行拍卖其60%~100%的排放权,然后拿出74%的平均拍卖收入,投入到能效与清洁能源活动方面的项目。WCI 于 2007 年 2 月由亚利桑那州、加利福尼亚州、新墨西哥州、俄勒冈州、华盛顿州发起,其努力制定一个跨区域的、基于市场的、以减少区域内温室气体排放为目标的,对温室气体排放进行注册和管理的温室气体减排计划。之后,加拿大的哥伦比亚省、曼尼托巴省、安大略省、魁北克省及美国的犹他州、蒙大拿州相继加入。WCI 吸取了 EU ETS 和 RGGI 的经验教训,设立了最严格的总量上限,同时拒绝了可大量供给的 CDM 碳信用,能够确保 WCI

市场中的碳价格处于相对较高的水平。

③澳大利亚市场。

澳大利亚新南威尔士州温室气体减排体系(GGAS)是世界上最早的强制减排交易体系。该体系正式开始于 2003 年 1 月 1 日,致力于减少新南威尔士州管辖范围内与电力生产和使用相关的碳排放,是世界上唯一的"基线信用"型强制减排体系。

2012 年 8 月,澳大利亚与欧盟发布了关于同意对接双方碳排放交易体系的协议。该协议包括两个关键步骤:第一步,双方的碳交易体系于 2015 年 7 月 1 日开始对接,即澳大利亚接受欧盟碳配额,正式取消碳交易体系中的 15 澳元底价,澳大利亚的碳排放价格将与欧盟一致,而未来澳大利亚的碳排放企业有权从国际市场上购买最多相当于其排放总量一半的排放额度,其中仅有 115% 的排放额度需符合联合国《京都议定书》中的相关规定,包括 CERs、ERUs 和 RMUs(清除单位)。第二步,2018 年 7 月 1 日前彻底完成对接,即双方互认碳排放配额。

10.2　碳交易体系的基本概念、原理及核心要素

1. 基本概念

碳交易(也称碳交易、碳排放交易)是政府为完成控排目标而采用的一种政策手段,指在一定空间和时间内,将该排控目标转化为碳排放配额并分配给下级政府和企业,通过允许政府和企业交易其排放配额,最终以相对较低的成本实现控排目标。

碳排放配额(也称碳排放权、碳排放指标)是下级政府从上级政府获得的一定时期内的碳排放量限额指标。从法学的角度,碳排放权不是下级政府和企业向大气中排放二氧化碳的权利,也不是它们对二氧化碳排放容量空间的所有权,而是它们对碳排放容量空间的使用权。主要原因在于,二氧化碳容量空间是典型的公共物品,任何个体都有使用这种容量空间的权利,但是这种空间不归任何个体所有。由于全球碳排放容量空间是有限的公共物品,政府作为公共事务的管理者,有必要对其进行管理,通过控制下级政府和企业的碳排放,使

该政府管辖区域范围内的碳排放总量不超过容量限值。因此，政府分配碳排放权实际上是为下级政府和企业规定了其对碳排放容量空间的使用权，它是一种财产性权利，包括了下级政府和企业对碳排放容量空间的占用权、使用权和收益权。由于政府也负有控制碳排放量的责任，故为降低其实现目标的总体成本，在一定条件下政府也可以参与碳交易。

碳交易的政策目标是通过一系列制度安排，实现个体激励和整体利益取向一致，在既定的碳排放容量空间约束下，个体寻求利益最大化的同时推动整体利益最大化，从而实现全社会对日益稀缺的碳排放容量空间的合理利用。对某一层次的主体而言，通过开展碳交易，可以低成本实现控排目标，即在既定控排目标约束下实现更大的经济效益。一方面，由政府作为公共利益代表强制性把碳排放权（即控排目标）分解到各层主体，把碳排放容量空间这种"公共物品"的使用权向各个层面的主体实行"私有化"，并赋予碳排放容量空间这种"生产要素"经济价值，调动各方主体有效、合理利用碳排放容量空间的内在积极性；另一方面，允许在一定规则下交易碳排放权，通过市场优化配置资源来推动既定数量的碳排放权产生最大的经济效益。

2. 基本原理

碳交易体系是指以控制温室气体排放为目的，以温室气体排放配额或温室气体减排信用为标的物所进行的市场交易体系。与传统的实物商品市场不同，碳市场看不见摸不着，它是通过法律界定的、人为建立起来的政策性市场，其设计初衷是在特定范围内合理分配减排资源，降低温室气体减排的成本。其基本原理如图 10-1 所示。

碳交易体系是排放权交易制度理论在应对气候变化过程中的一种实践，而排放权交易制度理论可以追溯到 1960 年罗纳德·科斯（Ronald Coase）提出的产权理论，即通过产权的确定使资源得到合理的配置。在碳交易体系诞生之前，排放权交易已经在美国的酸雨计划中取得了成功，有效地减少了 SO_2 的排放。20 世纪 90 年代的国际气候谈判在设计减少温室气体排放的方案时，碳交易体系作为一种降低减排成本、提高减排效率的市场手段被引入。碳交易体系的基本原理包括总量控制交易机制和基准线信用机制。

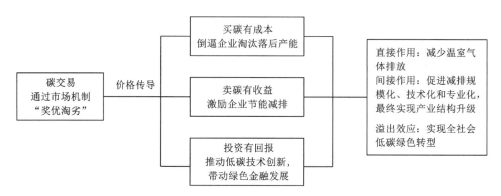

图 10-1　碳交易体系通过市场机制"奖优淘劣"

（1）基于总量控制交易机制的碳交易体系

大部分碳交易体系都采用总量控制交易机制，即通过立法或其他有约束力的形式，对一定范围内的温室气体排放者设定温室气体排放总量上限，将排放总量分解成排放配额，依据一定的原则和方式（免费分配或拍卖）分配给排放者。配额可以在包括排放者在内的各种市场主体之间进行交易，配额代表了碳排放权，排放者的排放量不能超过其持有的配额。在每个履约周期结束后，管理者要对排放者进行履约考核，如果排放者上缴的排放量大于配额，则被视为没有完成履约责任，必须受到惩罚。在总量控制交易机制下，配额的总量设置和分配实现了排放权的确权过程，减排成本的差异促使交易的产生。减排成本高的企业愿意到市场上去购买配额以满足需要，减排成本低的企业则进行较多的减排并获取减排收益，最终减排由成本最小的企业承担，从而使得在既定减排目标下的社会整体排成本最小化。下面举例说明如何利用总量控制交易机制实现全社会低成本减排。

以企业为例，政府为企业分配碳排放量控制目标，企业为实现碳排放量控制目标需开展减排活动。由于不同地区、不同行业、不同技术水平和管理水平的差异，企业的减排成本将存在差异。假定全社会减排目标是 2 万吨 CO_2，有 A 和 B 两家企业需要进行减排，两家企业的减排成本不同（假设 A 企业的减排成本是 20 元/吨，B 企业的减排成本是 10 元/吨）。如果采用行政命令手段，让这两家企业分别完成 1 万吨的减排任务，那么 A 企业的减排成本是 20 万元，B 企业的减排成本是 10 万元，也就是说，全社会完成这 2 万吨的减排任务需要的成本一共是 30 万元。

如果采用碳交易机制，全社会减排目标同样为 2 万吨 CO_2，A、B 两家企业仍然各分得 1 万吨的配额。(成熟的碳市场中，碳价应基本和社会平均减排成本持平，A 企业减排成本为 20 元/吨，B 企业减排成本为 10 元/吨，故全社会的平均减排成本为 15 元/吨，即碳价为 15 元/吨。)由于 B 企业减排成本只有 10 元/吨，低于碳价，可出售碳排放权获取利润，因此 B 企业有较强的减排动力。假设 B 企业把 2 万吨的减排任务全部承担起来，那么它付出的减排成本是 20 万元。A 企业的减排成本是 20 元，高于 15 元的碳价，因此不会考虑进行减排，而是选择购买碳排放权来完成减排任务。为完成履约，A 企业花费 15 万元从 B 企业购买了 1 万吨配额，也就是说，A 企业的减排成本是 15 万元，相比行政命令手段下 20 万元的减排成本降低了 5 万元。对 B 企业来说，完成 2 万吨减排任务支出了 20 万元，卖出 1 万吨碳排放权获利 15 万元，实际减排成本为 5 万元。全社会的减排成本为 A 企业的 15 万元加上 B 企业的 5 万元，一共是 20 万元，远低于采用行政命令手段的 30 万元。通过企业间的碳交易，政府管理层面完成了减排目标，各企业也节省了减排成本，从而形成多赢局面。

(2)基于基准线信用机制的减排量交易体系

基于基准线信用机制的减排量交易体系是对基于总量控制交易机制的碳交易体系的补充，它是指当碳减排行为使得实际碳排放量低于常规情景下的排放基准线时会产生额外的碳减排信用，碳减排信用可以用于出售。最典型的基准线信用机制应用为基于项目的减排量交易体系，如《京都议定书》下的 CDM 和 JI。碳减排信用的需求来自两个方面：一是基于总量控制交易机制的碳交易体系的抵消机制(图 10-2)，碳减排信用可以部分代替碳配额来完成履约责任，以降低履约成本，这也是设计 CDM 和 JI 的初衷；二是自愿市场的交易，企业或个人可以购买减排量来中和自身的碳排放，履行社会责任。

(3)两种交易体系的关系

上述两种交易体系在性质上有本质的差异，同时又有千丝万缕的联系。基于总量控制交易机制的碳交易体系主要进行配额交易。基于基准线信用机制的减排量交易体系主要进行减排量交易。

第一，交易商品不同。配额交易基于总量控制交易机制，减排量交易则基于项目的自愿减排机制，两者交易商品的区别如下：①配额排放量是绝对值，自愿减排量是相对值；②配额是事先创建的，开市之初就会发放给企业，减排

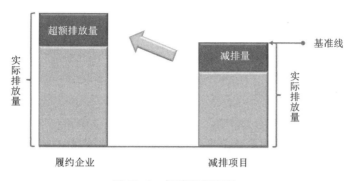

图 10-2　抵消机制原理

量则是事后产生的，当减排行为确实发生并被核证之后才会产生；③配额的数量是确定的，每年的配额数量在开始交易之前便已确定，而减排量需经核证才能知道准确的数量。

第二，交易范围不同。配额交易的范围一般仅限于当地的碳市场，如欧盟的配额只能在欧盟交易，中国碳交易试点的配额只能在试点当地的企业间进行交易。减排量交易的范围具有明显的跨地域性，最典型的代表为 CDM 项目，该类项目开发产生的核证减排量信用可以在全球大部分地区流通；另外一些自愿减排标准，如核证减排标准、黄金标准，可以在全球开发项目，产生的减排量同样可以在全球范围交易。同样，国家核证自愿减排量（Chinese certified emission reduction，CCER）信用也可以根据一定条件在各个碳交易试点之间流通。

第三，交易目的不同。配额交易的主要目的是企业履约，而减排量交易除了可以满足排放企业履约的需求，还可以满足其他企业和个人践行社会责任的需求。特别是核证减排标准和黄金标准这类自愿减排标准，其主要用途就是满足企业践行社会责任的市场需求。因此，配额交易的需求来自碳市场内生，而减排量交易的需求则不一定。

强制碳减排市场中，减排量交易是配额交易的有效补充。为了保障配额碳市场的需求和减排效果，碳市场通常会对减排量的使用数量进行限制，如大部分中国碳交易试点对国家核证自愿减排量的使用比例要求限制在 10% 以内。这两种交易体系中，总量控制碳交易体系实际上是碳市场的主体。因此下面将重点从总量控制交易机制的原理出发，介绍碳交易体系的核心要素。

3. 核心要素

碳交易体系的核心要素包括覆盖范围，配额总量，配额分配，排放监测、报送与核查，履约考核，抵消机制，交易机制，市场监管，配套的法律法规体系等。

(1) 覆盖范围

碳排放权交易体系的覆盖范围包括碳排放权交易体系的纳入行业、纳入气体、纳入标准等。通常，覆盖的参与主体和排放源越多，碳排放权交易体系的减排潜力越大，减排成本的差异性越明显，碳排放权交易体系的整体减排成本也就越低。但并不是覆盖范围越大越好，因为覆盖范围越大，对排放监测、报送与核查的要求越高，管理成本也越高，同时加大了碳排放权交易的监管难度。

纳入行业、纳入气体、纳入标准共同决定了碳排放权交易体系的覆盖范围。出于降低交易成本和管理成本的原因，碳排放权交易体系优先纳入排放量和排放强度较大、减排潜力较大、较易核算的行业和企业。因此，电力、钢铁、石化等排放密集型工业行业往往是优先考虑纳入的对象。纳入的温室气体中，最常见的是 CO_2，其次是《京都议定书》第一个承诺期规定的其他五种温室气体，即 CH_4、N_2O、全氟碳化合物（PFCs）、六氟化硫（SF_6）和氢氟碳化物（HFCs）。部分碳排放权交易体系还考虑了《京都议定书》第二个承诺期新增的三氟化氮（NF_3）。纳入标准需要考虑以下几个问题：一是标准的类型，既可以是排放量，也可以是其他参数，如能耗水平、装机容量等；二是标准的数值，即多大排放量以上的排放源或多大规模以上的排放源才被纳入；三是标准的对象，即该标准针对的是排放设施还是排放企业。

(2) 配额总量

配额总量决定了配额的稀缺性，进而直接影响碳市场的配额价格。配额总量的设置一方面应确保地区减排目标的实现，另一方面应低于没有碳排放权交易政策下的照常排放量，配额总量与照常排放量的差值代表了控排企业需要做出的减排努力。总量控制严格意味着更少的配额，这导致了配额的稀缺性和更高的碳价。

配额总量的设置决定了碳市场上配额的供给，进而影响配额的价格。配额总量越多，配额价格越低；反之，配额总量越少，配额价格越高。如果配额总量高于没有碳排放权交易政策下的照常排放量，那么碳市场将会因配额过量而配额价格低迷，因此要合理设定配额总量。主管部门设定配额总量时主要考虑在一定的时间内减少纳入行业的温室气体排放。因此，政策制定者通常要考虑以下几个关键问题：

一要保持总量严格程度与地区减排目标严格程度一致。碳市场是可用于实现整个经济体、国家甚至行业减排目标的工具之一，碳市场总量严格程度应符合这一总体战略的要求。

二要覆盖行业与未覆盖行业的减排责任分配。在决定向碳市场覆盖行业分配减排责任时，应考虑覆盖行业与未覆盖行业在减排方面的相对能力。

三要在减排力度与碳排放权交易体系成本之间取得平衡。更严格的总量控制意味着碳市场覆盖的实体需要投入更大的减排成本，碳市场总履约成本不应过高，以免在实现气候目标和碳市场其他政策目标的过程中给国内竞争力和社会福利带来过度损害。一般而言，总量严格程度还应符合利益相关方眼中的环境有效性和公平性要求，以便获得（并保持）各方对碳市场的接受和支持。不同的配额分配方法可以调节碳市场带来的竞争力和福利变化。

政策制定者还必须根据本地区的总体减排目标和实际情况考虑设定配额总量的方法。配额总量设定的方法通常有两种：自上而下法和自下而上法。自上而下法是指政府根据其总体减排目标及各个行业的减排潜力和成本来设定配额总量。通过这种方法，可以更轻松地将碳市场的总体减排目标与该地区更广泛的减排目标及其他政策措施的贡献保持一致。该方法是目前为止最常见的配额总量设定方法。在程序上，应先确定碳市场配额总量，再确定这些配额通过何种方式分配至控排企业。而自下而上法是指政府根据对每个行业、子行业或参与者的排放潜力和成本的评估确定配额总量，并为每个行业、子行业或参与者确定适当的减排潜力。然后，通过汇总这些行业、子行业或参与者的排放/减排潜力来确定整个碳市场配额总量。该方法不是一种普遍的做法，但对碳排放尚未达峰的地区而言更加容易执行。在程序上，应先确定各行业的配额分配方法，计算各控排企业的配额数量，再累加形成碳市场配额总量。

（3）配额分配

碳排放配额分配是碳排放权交易制度设计中与企业关系最密切的环节。碳排放权交易体系建立以后，由于配额的稀缺性，将形成市场价格，因此配额分配实质上是财产权利的分配，配额分配方式决定了企业参与碳排放权交易体系的成本。配额发放过程中，政策制定者应力求实现部分或全部如下目标：①向碳排放权交易体系的平稳过渡。政策制定者希望借助恰当的配额分配方式，理顺向碳排放权交易体系过渡过程中面临的诸多问题。其中一些问题与成本及价值的分配有关，具体可表现为可能的资产价值受损（"搁浅资产"）、对消费者及社区的不良影响，以及识别早期实施减排行动的实体的需求。其他问题则涉及相关风险，例如参与者在初期阶段的交易能力相对较低，或者在体制能力相对薄弱的情况下部分企业可能抵制碳排放权交易体系。②降低碳泄漏或丧失竞争力的风险。对政策制定者而言，这些风险是不良环境、经济及政治等因素造成的。考虑碳排放权交易体系设计方案时，如何降低这类风险是最具争议且重要的一个方面。③增加收入。碳排放权交易体系建立后产生的配额是有价的。通过出售配额（通常以拍卖方式出售），政策制定者有可能成功筹措大量公共资金。④保持以成本效益的方式实现减排的激励性。若想努力实现上述任何一项或全部目标，政策制定者必须确保坚守碳排放权交易体系总体目标不动摇：确保重点排放单位以成本有效和尽可能通过价值链来获得减少排放的有效激励。在许多情况下，配额的总价值会明显高于减排成本。因此，配额分配将颇具争议性，而找到一种政府、利益相关方和公众都能够接受的解决方案便成为启动碳排放权交易体系的关键所在，促使有关各方达成一致可能是一项耗时长久的任务。配额分配有两种基本分配方法。政府既可选择通过拍卖出售配额，也可选择向参与者或其他有关主体免费发放配额。

免费分配方法在政治上更加可行。常用的免费分配方法包括祖父法和基准线法。祖父法根据企业自身的历史排放总量或历史排放强度发放配额，也称为历史法，要求企业与自己的历史排放总量相比有一定的降低，对同一行业提出统一的减排目标，执行相对简单。但历史法经常出现的问题是"鞭打快牛"，即过去在减排控排方面做得并不好的企业由于其历史排放总量高而得到了更多的配额。考虑到历史法的缺点，该方法只应被视为拍卖法和基准线法的过渡性方法。

拍卖法在经济学上更有效率。通过拍卖方式有偿分配配额是最有效率和最能促进减排的方法。首先，拍卖是一种简单方便且行之有效的方法，出价高者买下配额。其次，拍卖是一种甚少导致市场扭曲或政治介入的方法，并为公共收入提供新增长点。最后，拍卖法不仅提高了灵活性，还可以补偿对消费者或社区的不利影响,同时也可以奖励尽早开展减排行动的企业。但拍卖法可能导致企业碳价成本过高,在政治上较难实施,尤其是在刚刚开始执行碳排放权交易政策的地区,强行推广将面临很大的政治压力。对于面临全球产品竞争的行业,高碳价也将迫使企业搬迁至没有碳价成本的地区,虽然本地碳排放降低,但全球碳排放总量不变,造成"碳泄漏"现象。因此,在碳排放权交易刚刚启动的时候,往往采用免费方式对配额进行分配。

(4)排放监测、报送与核查

高质量的温室气体排放数据是碳排放权交易体系顺利运行的基础。为确保数据的可靠性和准确性,以及同一水平下的数据可比性,应制定相关的温室气体排放量化标准。目前,广泛使用的温室气体排放量化方法主要有两种,即连续监测方法和核算方法。连续监测方法通过直接测量烟气流速和烟气中的 CO_2 浓度来计算温室气体的排放量,主要通过烟气排放连续监测系统(continuous emission monitoring system,CEMS)来实现。核算方法是指通过活动数据乘以排放因子或通过计算生产过程中的碳质量平衡来量化温室气体排放量。

连续监测方法主要包括气体取样和条件控制系统、气体监测和分析系统、数据采集和控制系统等。连续监测方法能够实时、自动地监测固定排放源温室气体排放量,无须对多种燃料类型的排放量进行区分和单独核算,具有数据显示直观、操作简便的特点。该方法在国际上已有较成熟的应用,而在我国的应用尚处于摸索阶段。根据美国环境保护署的统计,2015 年美国 73.9% 的火电机组应用连续监测方法进行碳排放量监测。美国采用安装 CEMS 的设备进行碳排放量监测的方式普及度很高。欧盟使用连续监测方法的案例较少,2019 年只有 155 种设施(占总设施数的 1.5%)采用了连续监测方法,主要集中在德国、法国、捷克等绝大多数设施仍采用核算方法确定温室气体排放量。在欧盟碳排放权交易体系下,连续监测方法与核算方法的监测结果具有等效性。

核算方法是将企业经济活动中消耗的化石燃料、原料数量,通过对应的物理排放转化因子换算成相应的温室气体排放量,再将经过各种燃料、原料转化后的排放量加总。与连续监测方法相比,核算方法具有成本低、适用分散污染源的优点,但是也存在人工处理大量数据、标准难以统一、需要较高采样分析成本等缺点。但总体而言,由于其更低的成本及更广泛的适用性,核算方法在国际上的应用更为广泛。一般而言,核算方法需要计算以下五个方面的排放量：

第一，化石燃料燃烧排放量。该排放量主要取决于活动水平数据和排放因子。活动水平数据由化石燃料消耗量与燃料的平均低位发热量相乘得到，排放因子由化石燃料的单位热值含碳量、碳氧化率、二氧化碳与碳的物质的量比相乘得到。

第二，工业过程排放量。虽然各行业（航空除外）工业生产过程排放源较多，如发电企业脱硫过程排放、镁冶炼企业能源作为原材料的排放、电解铝企业阳极效应排放、化工企业过程排放等，但核算方法主要分为两类：排放因子法和碳平衡法。排放因子法通过将活动水平与排放因子相乘得到排放量。对于碳平衡法，通过输入原料与输出产品及废弃物中含碳量之差，并乘以二氧化碳与碳的物质的量比得到排放量。

第三，废弃物处理排放量。造纸企业与食品企业、烟草企业及酿酒企业、饮料企业和精制茶企业在生产过程中采用厌氧技术处理高浓度有机废水时产生甲烷排放，该部分甲烷排放量乘以相应的全球增温潜能值（global warming potential，GWP）即得到该部分产生的排放量。

第四，净购入电力与热力排放量。净购入电力与热力排放量的计算主要取决于电力消费量和热力消费量及相应的排放因子，需要注意的是电力消费量和热力消费量以净购入电力和热量为准。

第五，二氧化碳回收利用量。部分行业存在二氧化碳回收利用现象，如化工行业。由于该部分二氧化碳未直接排放到大气中，核算时该部分排放量应该扣除掉，具体计算时应由企业边界回收且外供的二氧化碳气体体积、气体纯度及气体密度相乘得到。

（5）履约考核

履约考核是每个碳排放权交易履约周期的最后一个环节，也是最重要的环节之一。履约考核是确保碳排放权交易体系对排放企业具有约束力的基础，基本原理是将企业在履约周期末所上缴的履约工具（碳配额或减排信用）数量与其在该履约周期内经核查的排放量进行核对，若前者大于等于后者则被视为合规；若前者小于后者则被视为违规，要受到惩罚。未履约惩罚是确保碳排放权交易政策具有约束力的保障。例如，欧盟规定超标排放的企业要为每吨碳排放付出100欧元的代价，远远高于欧盟碳配额的价格。

主管部门必须通过有公信力的惩罚制度确保履约，包括向社会公告违规行为、罚款、赔偿等措施的组合。其中，公告违规行为对纳管实体的声誉影响已被证明具有强大的威慑力，可以通过公开披露碳市场的效果来增强这种威慑力，但除此之外还需要一个具有约束力的惩罚制度。

（6）抵消机制

减排量认证是向实施经批准的减排或碳清除活动的行为者发放可交易的减排量的过程。碳市场允许这些碳减排量被用作"抵消"，并用于履约，以代替管控对象的配额去抵消其排放。目前，抵消机制被大多数碳市场接受。

为了使抵消可信，任何计入的减排量或清除量都必须是"额外的"。这表明覆盖范围的排放源在碳市场总量以外的排放量，只能通过其他地方进行减排或封存来补偿。因此，只要碳减排量代表真正的、永久的和额外的减排，抵消就不会对总体排放结果产生净影响。抵消信用来源可能在两个主要方面有所不同：减排活动的地理范围和减排量认证机制的管理。减排量认证机制可能仅限于认证同一管辖区内的减排或碳清除活动，或者可能包括碳市场管辖区外产生的抵消量。该计划本身可能由国内管理者设计和管理，也可能在不同程度上依赖现有的减排量认证机制。

（7）交易机制

碳排放权交易体系的目标是发挥市场机制的优势，实现对碳排放权这一稀缺资源的最优配置。配额价格可以随着政策制定者控制的供给与需求之间的平衡而变化，也会受经济形式和企业层面因素的复杂的相互作用驱动而变化。

碳排放权交易根据交易品种和交易/结算场所不同可以分为不同的类型。按交易品种不同，可以把碳排放权交易分为配额交易和减排信用交易，以及现货交易和衍生品交易。从过往的经验来看，一方面，配额碳市场的交易量远大于减排信用市场的交易量；另一方面，由于衍生品交易的流动性远高于现货交易的流动性，因此国际碳市场中衍生品交易的比重高达95%。按是否在交易所的交易平台进行集中交易，可以把碳排放权交易分为场内交易和场外交易，其中场外交易的结算既可以在结算机构进行，也可以进行双边结算。

（8）市场监管

对碳排放权交易体系的监管可以分为碳排放权交易政策监管和市场监管两个方面，不同的方面通常由不同的监管机构负责。市场监管的目的是维护碳市场的正常秩序，避免欺诈、操纵、内幕交易等非法行为的出现。对于 MRV、履约合规、抵消机制等碳排放权交易政策的监管，一般由碳排放权交易体系的主管机构负责，监管对象包括排放企业、核查机构、减排项目业主等，这部分监管的目的是确保政策能够按碳排放权交易法律规定予以实施。

（9）配套的法律法规体系

碳市场是依赖政策的市场，法律在碳市场的所有阶段都发挥着重要作用。明确定义和可执行的规则对碳市场的正常运作至关重要，因为配额是由政策制定者制定的，并在供给上受到人为限制。一个健全的法律框架包括授权建立碳市场的初始法律文件、涉及关键设计参数的配套法律文件及确保履约的执法体系。碳排放权交易的法律法规体系可以分为以下三个层级。

第一个层级为气候变化立法。它是一国或一个地区与气候变化有关的一些工作的法律基础，可以对碳排放权交易体系的出台提供宏观依据和指导，如美国加利福尼亚州的 AB32 法案、新西兰的《零碳法案》。这一层级的法律并非必备的，但如果有的话将有利于碳排放权交易和其他政策的协调。

第二个层级是碳排放权交易的整体立法。它确立整个碳排放权交易体系运行的框架，对碳排放权交易的各个环节做出整体性安排，规定碳排放权交易体系的覆盖范围、时间安排、配额分配原则、履约规则、抵消机制规则等，如 EU ETS 排放指令。中国碳排放权交易试点的碳排放权交易整体立法以地方政府规章或地方人大决定的形式出台。

第三个层级是关于碳排放权交易体系具体环节的法规。例如配额分配方法、MRV 体系（还需要配套相关的核算和报告指南、核查办法等）拍卖规则、交易规则、登记系统规则等。

10.3 中国特色碳交易的制度及进展

党的十八大以来，以习近平同志为核心的党中央以前所未有的力度推进生态文明建设，我国生态文明建设和生态环境保护发生了历史性、转折性、全局性变化。"十四五"时期，我国生态文明建设进入了以降碳为重点战略方向、推动减污降碳协同增效、促进经济社会发展全面绿色转型、实现生态环境质量改善由量变到质变的关键时期，也是碳达峰的关键期、窗口期。当前，我国尚处在工业化、城镇化进程中，产业结构偏重、能源结构偏煤、达峰时间偏紧，要通过主动调整产业结构、能源结构，才能实现2030年碳前达峰目标。相比通过传统的行政手段推动碳减排，碳市场通过配额管理制度，充分发挥市场配置资源的作用，将温室气体控排责任压实到企业，推动企业加强碳排放管理，并利用市场机制发现合理碳价，为企业碳减排提供灵活选择，在降低全社会减排成本的同时带动绿色低碳产业投资，是促进全社会生产生活方式低碳化、长期化的有效方式，为处理好经济发展与碳减排关系提供了有效途径。2021年2月1日，《碳排放权交易管理办法（试行）》正式实施，标志着碳排放计划在全国范围内开始实施。

1. 中国特色碳交易制度

（1）总体目标

坚持将碳市场作为控制温室气体排放政策工具的工作定位，切实防范金融等方面风险。以发电行业（含热电联产，下同）为突破口率先启动全国碳排放交易体系，培育市场主体，完善市场监管，逐步扩大市场覆盖范围，丰富交易品种和交易方式。逐步建立起归属清晰、保护严格、流转顺畅、监管有效、公开透明、具有国际影响力的碳市场。配额总量适度从紧、价格合理适中，有效激发企业减排潜力，推动企业转型升级，实现控制温室气体排放目标。基于此，分三阶段稳步推进碳市场建设工作。

基础建设期。用一年左右的时间，完成全国统一的排放数据报送系统、注册登记系统和交易系统建设。深入开展能力建设，提升各类主体参与能力和管理水平。开展碳市场管理制度建设。

模拟运行期。用一年左右的时间，开展发电行业配额模拟交易，全面检验市场各要素环节的有效性和可靠性，强化市场风险预警与防控机制，完善碳市场管理制度和支撑体系。

深化完善期。在发电行业交易主体间开展配额现货交易。交易仅以履约（履行减排义务）为目的，履约部分的配额予以注销，剩余配额可跨履约期转让、交易。在发电行业碳市场稳定运行的前提下，逐步扩大市场覆盖范围，丰富交易品种和交易方式。创造条件，尽早将国家核证自愿减排量纳入全国碳市场。

（2）基本原则

一是坚持市场导向、政府服务。贯彻落实简政放权、放管结合、优化服务的改革要求，以企业为主体，以市场为导向，强化政府监管和服务，充分发挥市场对资源配置的决定性作用。

二是坚持先易后难、循序渐进。按照国家生态文明建设和控制温室气体排放的总体要求，在不影响经济平稳健康发展的前提下，分阶段、有步骤地推进碳市场建设。在发电行业率先启动全国碳排放交易体系，逐步扩大参与碳市场的行业范围，增加交易品种，不断完善碳市场。

三是坚持协调协同、广泛参与。统筹国际、国内两个大局，统筹区域、行业可持续发展与控制温室气体排放需要，按照供给侧结构性改革总体部署，加强与电力体制改革、能源消耗总量和强度"双控"、大气污染防治等相关政策措施的协调。持续优化完善碳市场制度设计，充分调动部门、地方、企业和社会积极性，共同推进和完善碳市场建设。

四是坚持统一标准、公平公开。统一市场准入标准、配额分配方法和有关技术规范，建设全国统一的排放数据报送系统、注册登记系统、交易系统和结算系统等市场支撑体系。构建有利于公平竞争的市场环境，及时准确披露市场信息，全面接受社会监督。

（3）战略步骤

当前，建立中国碳交易制度的基础仍然比较薄弱，要实现上述战略目标不可能一蹴而就，需要分阶段、分步骤推动实施。建议未来中国碳交易制度建设可以实施"三步走"战略步骤：第一步，用10年左右的时间，积极探索国内区域性碳交易试点；第二步，再用10年左右的时间加快推进全国碳交易市场，建成一个覆盖全国的功能健全、结构完整、运行顺畅、初步具备与国际接轨能力的全国碳交易市场；第三步，积极参与全球碳交易市场规则制定，加强风险防范，稳步推进国内市场与国际市场的对接。

（4）制度概况

碳交易市场制度是基于全国碳排放控制目标下碳交易市场的顶层制度，是广义碳交易的概念。在此碳交易模式下，若不考虑地方政府之间的碳交易制度安排，则形成单纯企业之间的碳交易市场，即国内各试点开展的碳交易类型。全国碳交易市场的总体市场体系结构是"1套标准、2种标的、3个层级、4类主体"，总体特征是"总量控制、层层分解、分级管理、目标考核、市场定价、按规交易、政府调控、特殊考虑、统一标准、内外协调"。

总量设定和配额分配制度。秉承"公平、合理、可持续"的原则和"分级管理"原则，"层层分解，由中央到地级市"，中央和省将配额分给下级政府和直接管辖的重点国有企业，并为拟安排给下级政府的重大增量项目预留配额，最后由地级市政府分解到其管辖区域内的履约企业，其余配额由地级市政府支配。首先由国家设定碳排放总量控制目标。中央政府的碳排放配额由三大部分组成：分配给中央直属国有企业的配额、用于履约期内给地方安排重大项目所需的配额、分配给各省的配额。再由省级政府往下分解。省级政府的碳排放配额由三大部分组成：分配给省属国有企业的配额、用于履约期内给地级市政府安排重大项目所需的配额、分配给各地级市的配额。最后由地级市政府往下分解。地级市政府的碳排放配额由两大部分组成，其中一部分是分配给本级政府管辖区域内的履约企业的碳排放配额。

履约和考核制度。按照"分给谁，谁需履约；谁分配，谁负责考核"的"分级管理"原则，由地级市政府开始自下而上实施年度履约考核，各履约主体必须在考核周期内缴纳足额的配额（或项目减排信用）抵消其碳排放，否则予以严厉惩罚。

交易制度。配额市场交易规则：①履约企业之间可以自由交易。②政府只能和政府交易，且应受到规制。为避免"地方政府过度牺牲长远利益的问题"，其卖出的配额数量比例应该受到合理控制。对此提出三点建议，一是由国家统一制定比例上限；二是卖方需要向上级政府备案；三是卖方政府应将收入作为专项资金主要支持节能减排和低碳发展。③投机主体（包括非履约企业、银行、投资机构、个人等）不能和政府进行交易配额，但可以和其他主体开展配额交易。但是在中国碳交易市场尚未与国际碳交易市场接轨之前，投机主体持有的配额只能参与中国境内的碳交易活动。项目减排信用交易规则：为鼓励非履约企业开发实施减排项目，建议允许其项目减排量参与交易。但是，要求这些项目具有"额外性"。所以，需要国家统一制定针对不同类型减排项目，能够体现项目"额外性"的一系列核证方法学。非履约企业开发实施减排项目后，需要向国家申请签发实施的项目减排量，国家为其签发项目减排信用证书，然后项目减排信用可以进入市场参与交易。

（5）运行机制

碳市场机制是我国推动实现碳达峰碳中和的重要政策工具，是重点排放单位对国家分配的碳排放配额进行交易的市场。全国碳市场运行主要包括碳排放数据核算、报告与核查、配额分配、配额交易、配额清缴与履约等环节。

碳排放数据核算、报告与核查。纳入市场的重点排放单位需每年核算并报告上一年度碳排放相关数据，并接受政府组织开展的数据核查，核查结果作为重点排放单位配额分配和清缴的依据。

配额分配。国家在综合考虑重点排放单位生产排放需求、技术水平和国家减排需要的基础上，给予重点排放单位一定的碳排放配额，作为其获得的规定时期内的排放配额，该配额可能大于也可能小于重点排放单位的实际排放需求。

配额交易。重点排放单位在获得配额后，可结合自身实际，通过碳市场对配额进行交易。

配额清缴与履约。重点排放单位须在履约截止日期前，提交不少于自身排放量的配额用于履约。

（6）支撑体系

为保障全国碳市场有效运行，生态环境部组织建立了全国碳排放数据报送与监管系统、全国碳排放权注册登记系统、全国碳排放权交易系统等信息系统。全国碳排放数据报送与监管系统用于数据报送与监管系统记录重点排放单位碳排放相关数据。全国碳排放权注册登记系统用于记录全国碳市场碳排放配额的持有、变更、清缴、注销等信息，并提供结算服务。全国碳排放权交易系统用于保障全国碳市场配额集中统一交易。

2. 全国碳交易市场的运行情况

"十二五"以来，我国逐步建设全国碳交易市场。从 2011 年起，我国在北京市、天津市、上海市、重庆市、广东省、湖北省及深圳市开展了碳排放权交易试点，为建立全国碳市场建设探索积累经验。2017 年，经国务院同意，《全国碳排放权交易市场建设方案（发电行业）》印发。2018 年以来，生态环境部按照党中央、国务院的部署，坚持将全国碳市场作为控制温室气体排放政策工具的基本定位，扎实推进全国碳市场制度体系、基础设施、数据管理和能力建设等方面各项工作。2021 年 7 月 16 日，全国碳市场正式启动上线交易。

《全国碳排放权交易市场第一个履约周期报告》等统计数据显示，截至 2021 年 12 月 31 日，第一个履约周期共运行 114 个交易日，碳排放配额累计成交量 1.79 亿吨，累计成交金额 76.61 亿元，成交均价 42.85 元/吨，每日收盘价在 40~60 元/吨之间波动。全国碳市场上线运行以来，市场运行总体平稳有序，交易价格稳中有升，主体有序参与交易，企业减排意识不断提高。

3. 中国碳交易对实现碳达峰碳中和目标的作用

全国碳市场对中国碳达峰碳中和的作用和意义非常重要，主要体现在以下几个方面：

第一，在以往的节能减排工作中过于依赖"责任书""大检查""拉闸限电"等行政手段，虽然在短期内能控制碳排放，但造成了企业的经济损失和较大的负面影响，同时政府监管成本高，长期效果差。建立碳市场、实施碳排放权交易制度，体现了碳排放空间的资源属性，可有效发挥市场机制在资源配置中的决定性作用，形成强有力的倒逼机制，明确企业的碳减排目标，促使高耗能、高排放企业加强碳排放管理，加快低碳技术的创新和应用，提升行业节能减碳意识和水平，从而建立长效、低成本的节能减碳政策体系。通过市场化的方式进行减排，与党的十九大以来以完善产权制度和要素市场化配置为重点、全面深化经济体制改革的精神相一致。

第二，国际上通过实践证明，碳排放权交易是减少温室气体排放的有效政策工具，通过碳价信号能降低全社会的减排成本并调动企业减排的积极性。市场交易能够将资金引导至减排潜力大的行业、企业，降低全社会的减排成本。长期而言，碳价信号能够将碳价成本引入企业的长期决策，推动绿色低碳技术创新，推动前沿技术的创新突破和高排放行业向绿色低碳发展转型，为处理好经济发展和碳减排的关系提供了有效工具。通过参与 CDM 交易，国家主管部门和碳市场从业人员也对碳市场的作用有了深刻认识。

第三，碳排放权交易需要第三方机构对企业的能耗、产品、排放数据进行核查，能够为政府的节能减排乃至产业调整政策提供准确的数据支撑。长期以来，我国能源消费和温室气体排放的统计存在标准不统一、缺乏第三方核证等问题，未能支持对行业和企业设计精细化的减排政策。经过第三方校证的企业能源消费和碳排放数据，准确率更高，为政府管理提供了坚实的数据基础。

第四，通过构建全国碳市场抵消机制，能够为林业碳汇、可再生能源和其他减碳技术提供额外的资金支持，助力区域协调发展和生态保护补偿，倡导绿色低碳的生产和消费方式。在此基础上，逐步提高拍卖分配的比例，发展基于碳市场的金融创新，能够为行业、区域向绿色低碳发展转型及实现碳达峰碳中和提供投融资渠道。

因此，在各国纷纷实行区域性碳排放权交易的形势下，在我国逐步落实

"双碳"目标、开始低碳转型的大背景下，碳排放权交易成为我国推进生态文明建设、推动绿色低碳发展、推动碳达峰与碳中和工作的重要内容之一。

4.全国碳市场发展展望

"十四五"时期是我国深入打好污染防治攻坚战、实现美丽中国建设目标、迈向碳达峰碳中和的重要阶段。碳交易能够充分发挥市场的价格发现功能，形成碳定价机制，因而碳交易市场制度体系建设十分重要。从试点市场走向全国统一市场，我国碳交易体系建设虽已积累一定的实践经验，但仍处于起步阶段，相关制度建设还需不断探索和完善。但目前我国碳交易市场还存在流动性严重不足、金融机构参与度较低、碳价还不能完全体现碳配额的稀缺程度等问题，需要通过完善制度体系来推动碳交易市场的进一步发展。

参考文献

[1] 张希良."一带一路"碳市场机制研究[M]."一带一路"绿色发展国际联盟，2020.

[2] 史学瀛.碳排放权交易市场与制度设计[M].天津：南开大学出版社，2014.

[3] 刘志强，唐艺芳，谢伟伟.碳交易理论、制度和市场[M].长沙：中南大学出版社，2019.

[4] 唐人虎，陈志斌，等.中国碳排放权交易市场[M].北京：电子工业出版社，2021.

[5] 张燕龙，刘畅，刘洋.碳达峰与碳中和实施指南[M].北京：化学工业出版社，2021.

[6] 全国碳排放权交易市场第一个履约周期报告[R].北京：中华人民共和国生态环境部，2022.

[7] 巢清尘，永香，高翔，等.巴黎协定——全球气候治理的新起点[J].气候变化研究进展，2016，12(1)：65-71.

[8] 何建坤.全球气候治理形势与我国低碳发展对策[J].中国地质大学学报(社会科学版)，2017，17(5)：1-9.

[9] 余碧莹，赵光普，安润颖，等.碳中和目标下中国碳排放路径研究[J].北京理工大学学报(社会科学版)，2021，1-10.

[10] ALDY J E, STAVINS R N. The promise and problems of pricing carbon：Theory and experience [J]. The Journal of Environment & Development, 2012, 21(2)：152-180.

第 11 章

碳捕集、利用与封存

　　碳捕集、利用与封存(carbon capture, utilization and storage)技术简称为 CCUS 技术。碳捕集、利用与封存技术是指将煤化工、燃煤(气)电厂等高碳排放企业产生的 CO_2 进行分离和捕集，然后将其液化压缩后进行高值应用，或注入地下深部地质构造中进行永久性封存，以减少人类生产活动产生的 CO_2 对生态环境破坏的技术方法。政府间气候变化专门委员会认为，CCUS 技术是应对全球气候变化和温室气体减排十分有效的、极其潜力的技术手段之一。

　　全流程 CCUS 技术主要包括三个步骤：二氧化碳捕集；二氧化碳利用；二氧化碳封存。根据 2020 年中国细分行业碳排放数据，火电、钢铁和水泥行业碳排放总和约占全国碳排放总量的 70%。通过捕集化石燃料所产生的 CO_2，并在天然地下储层中长期封存，以减少 CO_2 向大气排放，这对短期内缓解 CO_2 排放引起的气候变化有着重要意义。关于 CCUS 技术的记载，最早可追溯至 1975 年，但是近几年才开始迅速发展，目前我国 CCUS 技术正处于初期发展阶段。CCUS 技术的基本流程如图 11-1 所示，首先在 CO_2 排放源捕集排放的 CO_2；然后将捕集的 CO_2 通过卡车或管线输送到封存地点，如废弃油气井、废弃煤矿、海洋等地，利用 CCUS 技术将 CO_2 以超临界状态封存到地质层或海洋深水层底下，并做好相应的密封措施。在地质层中的 CO_2 发生物理、化学反应后，可以被固定于地质层中，而在一些废弃的油气井、煤矿等地，这种技术还可以促进油气或煤层气再生，提高能源利用率，从而衍生出提高原油采收的 CO_2 驱油。

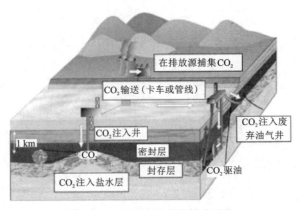

图 11-1　CCUS 技术的基本流程

11.1　CO₂ 捕集技术

CCUS 技术中的 CO_2 捕集环节是将 CO_2 从排放源的烟气中捕获回来，并将气态的 CO_2 转化为 CO_2 高压浓缩液，避免让 CO_2 排入大气，是 CCUS 技术的基本环节。目前，通常将 CO_2 捕集系统按照捕集系统的技术基础和适用性划分为以下四种：燃烧后捕集、燃烧前捕集、富氧燃烧捕集及化学链燃烧捕集（CLC），目前研究相对较多、相对更成熟的是前三种，采用较多的是燃烧后捕集技术。碳捕集方法如图 11-2 所示。

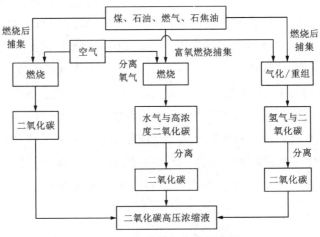

图 11-2　各种捕集方法示意图

1. 燃烧后捕集

燃烧后捕集就是在燃烧设备(锅炉或燃机)后的烟气中捕获或者分离 CO_2。这种技术是目前最能够适应燃煤和燃气机组巨大安装容量的技术，一般包括吸附分离法、吸收分离法和膜分离法。

吸附分离法是指在一定的条件下，多孔的固体物质对气体混合物中的某些组分的结合力较强，使得这些组分凝聚到固相的表面，而气体中其他组分仍然留在气相中，从而实现气体混合物的分离过程，其原理如图 11-3 所示。

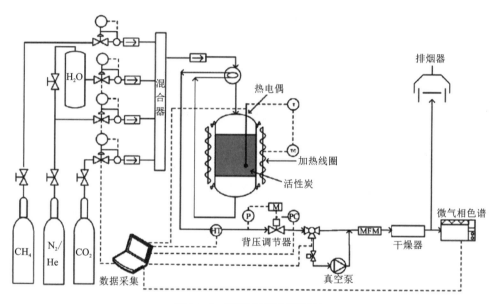

图 11-3 吸附分离法原理图

吸收分离法是气体混合物在与液体溶剂接触的过程中，混合气体中某些能溶解的气体组分溶解进入液相中，不能溶解的气体组分依然保留在气相中，从而实现气体混合物的分离，当吸收剂达到饱和后，通过加热给予分解物理或化学键的能量，从而实现吸收剂和二氧化碳的分离，其原理如图 11-4 所示。

膜分离法是利用膜分离技术将单独的特定组分从气体混合物中分离出来。膜分离法有各种各样的分离机制：①溶液/扩散；②吸附/扩散；③分子筛和离子运输等。二氧化碳溶解在膜中，并通过与其分压梯度成比例的速率扩散。在天然气和二氧化碳分压较高的地方，非沉淀膜技术的利用在二氧化碳脱除方面

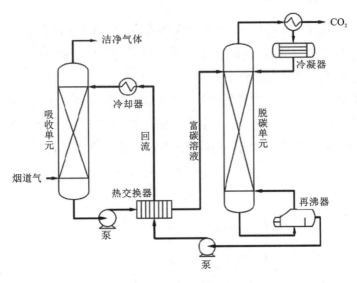

图 11-4　吸收分离法原理图

占主导地位。在从工业废烟气中捕集碳时，由于二氧化碳较少，因此需要施加更多的能量，原因在于压缩功需要支持足够的驱动力以获得所需的碳捕集率。

近年来，还研究出了许多新方法如电化学法、酶法、光生物合成法、催化剂法等。但是目前比较常用的是化学吸收法。化学吸收法是利用 CO_2 的酸性特征，通常采用碱性溶液吸收 CO_2，然后借助逆反应实现吸收剂的再生，该方法的吸收效果和经济性与化学吸收剂有很大的关系，常见的化学吸收法有热钾碱法、氨水法和醇胺法等。从理论上说，燃烧后捕集技术适用于任何一种火力发电厂。然而，普通烟气的压力小、体积大，CO_2 浓度低，而且含有大量的 N_2，因此捕集系统庞大，耗费大量的能源。

2.燃烧前捕集

如图 11-5 所示，燃烧前捕集的主要反应过程如下：首先将一次性燃料在一个有蒸汽和空气或蒸汽和氧气的反应器中处理，产生的主要成分为一氧化碳和氢的混合气体；然后在第二个反应器内将第一次的反应产物一氧化碳和蒸汽再进行反应，生成 H_2 和 CO_2。最后从由 H_2 和 CO_2 组成的混合气体中分离出一个 CO_2 流和一个 H_2 流。如果将 CO_2 流进行封存，则剩下的 H_2 流就成为无碳能源载体,可用来燃烧发电。整体煤气化联合循环机组(IGCC)是最典型的可进行燃烧前碳捕集的系统。IGCC 是将煤气化技术与燃气-蒸汽联合循环结合的发电系统,化石燃料气化转化为合成气(主要成分为 CO 和 H_2),然后利用水煤气变换反应提高 CO_2 的浓度,捕集 CO_2 后得到的富氢燃气可用于燃烧发电,分离得到的 CO_2 压缩纯化后可进行后续利用或封存。目前,全球投入运行的 IGCC 电站已超过 35 座。

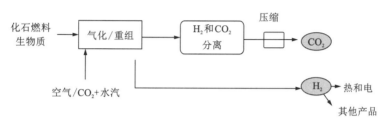

图 11-5　燃烧前捕集原理图

3. 富氧燃烧捕集

富氧燃烧捕集是指以助燃空气中氧含量超过常规值直至使用纯氧(氧体积含量高于 21% 的富氧空气或纯氧代替空气作为助燃气体)的一种高效强化燃烧技术。富氧燃烧原理如图 11-6 所示。其采用纯氧或者富氧将化石燃料进行燃烧,燃烧后的主要产物为 CO_2、水和一些惰性组分。水蒸气冷凝后,通过低温闪蒸提纯 CO_2,提纯后的 CO_2 浓度为 80%~98%,提高了 CO_2 捕集率,可以用于直接储存。这就是富氧燃烧捕集相对于一般燃烧后的捕集过程中采用空气燃烧的最大优势,它不需要燃烧后捕集所采用的昂贵的二氧化碳捕集装置,取而代之的是为氧燃料系统提供高纯氧气的空气分离装置。由于该技术主要着力于燃烧过程,因此也被看作是燃烧中捕集技术。

富氧燃烧捕集适用于新机组,也适用于一些改造机组中,在机组的后端都采用水分离技术对烟道气体进行处理,可以比较容易地捕获到 CO_2。欧洲已有在小型电厂进行改造的富氧燃烧项目。该技术路线面临的最大难题是制氧技术的投资和能耗太高,还没找到一种廉价低耗的能动技术。

目前新兴的 CO_2 捕集技术主要有膜分离法、电池装置高效分离法及金属有机框架材料吸附法。在火电行业,CO_2 捕集吸附法处于千吨级中试示范阶段,

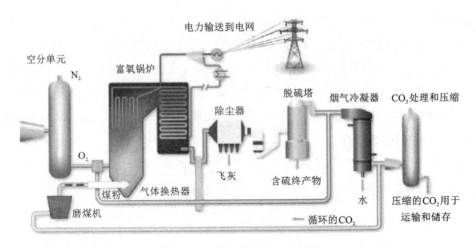

图 11-6　富氧燃烧捕集示意图

膜分离法尚无中试验证，煤粉富氧燃烧技术已完成实验室研究，建成并投运了 3 MW 和 35 MW 等级全流程试验平台，初步实现了高浓度 CO_2 的捕集，完成了 200 MW 等级示范电站的概念设计。国内已建成 1 MW 等级全流程循环流化床富氧燃烧中试验平台，可实现 50% O_2 浓度(体积分数)的连续稳定运行。目前，我国尚无百万吨级燃煤电厂 CO_2 捕集示范工程，大规模系统集成改造仍缺乏工程经验。

11.2　CO_2 利用技术

CO_2 利用技术是指生产出具有商业价值的 CO_2 相关产品并实现碳减排的过程，CO_2 利用方式分为转化和非转化两类。

转化是将二氧化碳通过矿化、生物、化学品等方式，转化为其他有使用价值的物质，从而实现减排。二氧化碳加氢制甲醇技术是二氧化碳化工利用的极佳选择，也是目前应用较广的技术。二氧化碳加氢制甲醇是一个放热过程，主要反应如式(11-1)~式(11-3)所示。该过程通常是在催化剂存在的情况下才会发生。由于二氧化碳转化的各反应均为放热过程，高温会降低二氧化碳的转化率。因此，为了获得较高的甲醇收率及避免产生不必要的副产物，应在加入合适的催化剂、反应温度小于 150 ℃、反应压力在 5~10 MPa 的情况下进行，即高压、低温和氢气过量的情况有利于获得较高的甲醇收率。

$$CO_2+3H_2 \longrightarrow CH_3OH+H_2O \quad \Delta H_{298\ K}=-40.9\ kJ/mol \quad (11-1)$$

$$CO_2+H_2 \longrightarrow CO+H_2O \quad \Delta H_{298\ K}=-49.8\ kJ/mol \quad (11-2)$$

$$CO_2+2H_2 \longrightarrow CH_3OH \quad \Delta H_{298\ K}=-90.7\ kJ/mol \quad (11-3)$$

非转化是将二氧化碳作为一种资源直接利用，由于二氧化碳保护焊具有焊接机械强度高，易于自动化，且比氩气保护焊等更经济等优点，被广泛用于造船、汽车、机械和建筑等行业。而在食品行业，二氧化碳主要是作为饮料的压力剂和果蔬保鲜剂等。

目前已开发出基于氯化物的矿物碳酸化反应技术、湿法矿物碳酸法技术、干法碳酸法技术及生物碳酸法技术等，主要是利用地球上广泛存在的橄榄石、蛇纹石等碱土金属氧化物与 CO_2 反应，将其转化为稳定的碳酸盐类化合物，从而实现 CO_2 减排。

矿化工艺应选取间接湿法矿化，该工艺的矿化效率相对较高。其流程如图 11-7 所示，通过选取一种合适的物质作为反应媒介，提高碳酸化的反应活性，从而提高反应速率与转化率。目前可供间接湿法反应选取的媒介多为常见的酸溶液或碱溶液及铵盐溶液。先用盐酸浸出矿物中的金属离子，然后电解金属氯化物熔盐生成氢氧化物，最后再通入 CO_2 生成碳酸盐沉淀。

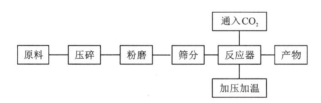

图 11-7 间接湿法矿化反应技术示意图

国内外 CO_2 利用技术整体上处于工业示范阶段。中国在钢渣、磷石膏等的 CO_2 矿化利用技术方面的进展尤为突出，而突破高温、高压环境瓶颈，寻找合适的催化剂提高碳利用效率，是 CO_2 利用技术下一阶段的重点研究方向。2020 年在西昌投运的 CO_2 矿化脱硫渣关键技术与万吨级工业试验项目对钢铁企业烧结烟气进行捕集与矿化利用。中国钢铁工业协会发布倡议书，提出进一步加强钢铁行业 CCUS 等低碳技术的创新研发应用，河钢集团预计于 2030 年前完成钢厂 CCUS 示范项目建设。山西清洁碳经济产业研究院已成功将二氧化碳转化为碳纳米管，但能耗和成本都比较高，距离商业化还有距离。2021 年全国碳纳米管市场规模仅 10 万吨，即使未来快速增长，对于消纳二氧化碳的作用也极为有限。上海华能石洞口电厂项目，每年捕集能力 12 万吨，主要用于附近造船厂的焊接和食品行业。这种方式实际减排效果有限，而且由于需求小、价格低等问题，捕集后的二氧化碳无法充分消纳。国内科研院所目前已经在二氧化碳加氢合成甲醇、矿化、尿素甲醇直接/间接制备碳酸二甲酯及煤层气低碳烃耦合重整制备合成气技术等资源化利用方面进行了大量的研究，国外荷兰和日本的温室气体利用项目，虽然通过将较大规模的工业产生的二氧化碳送到园林，作为温室气体来强化植物生长，但这些方式 CO_2 利用技术的经济性有待进一步提高。

11.3　CO_2 封存技术

CO_2 封存是将捕集到的 CO_2 进行埋藏或储集，以实现 CO_2 与大气的有效隔绝，其封存过程如图 11-8 所示。CO_2 封存主要有地质封存、海洋封存、化学封存三种方式，其中地质封存是目前应用最广的一种方式，通过将 CO_2 注入废弃油气藏、煤层及近海地区深部的咸水层中，埋深一般在 800 m 以下。

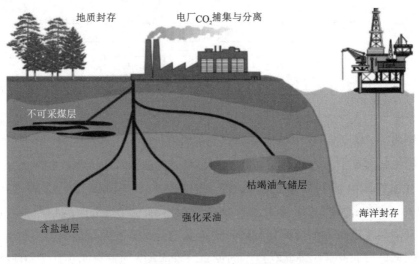

图 11-8　CO_2 封存示意图

CO$_2$驱油及封存技术(即CO$_2$-EOR技术)是指通过向油层中注入CO$_2$来提高地层压力、补充地层能量,以提高油田采收率、降低国家原油对外依存度。此项技术已经十分成熟,这为CO$_2$地质封存提供了技术保障。这些油层往往在地下1000 m以下,上覆泥质盖层致密而无法渗透CO$_2$,并且具有多套盖层封堵CO$_2$,确保其安全地封存于地下。因此,将CO$_2$注入到地下开发中后期或废弃的油气田中进行封存,不仅可以减少大气中的CO$_2$含量,缓解环境压力,还可以进行地下驱油驱气,提高石油天然气的采收率,是一种环境保护和经济开发双赢的温室气体减排方法,可实现石油和天然气增产,提高采收率5%~8%,CO$_2$驱油及封存技术原理如图11-9所示。

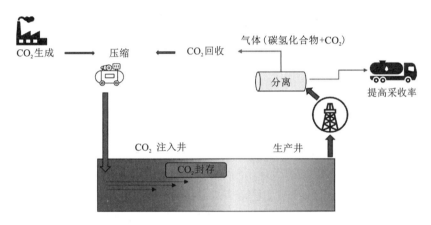

图11-9 CO$_2$驱油及封存技术原理图

参考文献

[1] IPCC WG Ⅲ. Climate Change 2022:Mitigation of Climate Change[R]. 2022.

[2] 曹东.碳达峰碳中和目标约束下重点行业的煤炭消费总量控制路线图研究[M].中国环境出版社,2023.

[3] 王晓桥,马登龙,夏锋社,等.封储二氧化碳泄漏监测技术的研究进展[J].安全与环境工程,2020,27(2):23-34.

[4] 张帅.CO$_2$捕集封存技术的应用与安全发展研究[J].当代化工研究,2022(20):93-95.

[5] 周健,邓一荣.中国碳捕集与封存(CCUS):现状、挑战与展望[J].环境科学与管理,2021,46(08):5-8.

［6］ DURAN I, ALVAREZ-GUTIERREZ N, RUBIERA F, et al. Biogas purification by means of adsorption on pine sawdust-based activated carbon: Impact of water vapor［J］. Chemical EngineeringJournal, 2018(353): 197-207.

［7］ JIANG G D, HUANG Q L, KENARSARI S D. A new mesoporous amine-TiO2 based pre-combustion CO_2 capture technology［J］. Applied Energy, 2015(147): 214-223.

［8］ THEO W L, LIM J S, HASHIM H, et al. Review of pre-combustion capture and ionic liquid in carbon capture and storage［J］. Applied Energy, 2016(183): 1633-1663.

［9］ 张凯, 陈掌星, 兰海帆, 等.碳捕集、利用与封存技术的现状及前景［J］.特种油气藏, 2023, 30(2): 1-9.

［10］ 杨晴, 孙云琪, 周荷雯, 等.我国典型行业碳捕集利用与封存技术研究综述［J］.华中科技大学学报(自然科学版), 2023, 51(01): 101-110, 145.

［11］ 陆诗建, 张娟娟, 杨菲, 等.CO_2管道输送技术进展与未来发展浅析［J］.南京大学学报(自然科学), 2022, 58(6): 944-952.

［12］ 张锦.碳捕集利用与封存技术: 零碳之路的"最后一公里"［R］.北京: 华宝证券, 2021.

［13］ 叶云云, 廖海燕, 王鹏, 等.我国燃煤发电 CCS/CCUS 技术发展方向及发展路线图研究［J］.中国工程科学, 2018, 20(3): 80-89.

［14］ 张贤, 李阳, 马乔, 等.我国碳捕集利用与封存技术发展研究［J］.中国工程科学, 2021, 23(6): 70-80.

［15］ 米彦泽.河钢集团加快实现低碳绿色发展［J］.新能源科技, 2021(5): 17-18.

［16］ 武永光.CCUS 技术进展和应用情况［J］.当代化工研究, 2022(11): 118-120.

［17］ 樊静丽, 李佳, 晏水平, 等.我国生物质能-碳捕集与封存技术应用潜力分析［J］.热力发电, 2021, 50(1): 7-17.

第四篇

典型案例

第 12 章

低碳园区建设——以贵阳国家高新区为例

低碳园区是发展低碳城市和低碳产业的关键要素，因此其规划必须与城市规划及产业规划紧密结合。低碳园区规划应成为城市规划和产业规划的重要组成部分，使其成为低碳城市和低碳产业的典范。从长远来看，低碳经济将成为未来经济转型的主导方向，因此，应将低碳理念融入各类现有规划编制体系中，并确保低碳目标贯穿于园区各项规划内容，涵盖用地布局、交通模式、产业发展和设施建设等方面。这不仅是低碳园区规划自身发展创新的重要方面，同时也将为我国未来的经济发展提供有力支撑。

中国高新技术产业开发区，简称国家高新区，属于国务院批准成立的国家级科技工业园区，是中国在一些知识与技术密集的大中城市和沿海地区建立的发展高新技术的产业开发区。高新区以智力密集和开放环境条件为依托，主要依靠国内的科技和经济实力，充分吸收和借鉴国外先进科技资源、资金和管理手段，通过实施高新技术产业的优惠政策和各项措施，实现软硬环境的局部优化，最大限度地把技成果转化为现实生产力而建立起来的集中区域。根据科技部官网名单，截至 2023 年 2 月，我国高新技术开发区总数达到 177 家。国家高新区主要分布在东部沿海地区，东部地区国家级高新区数量是西部地区的约 2 倍。

国家高新区生产总值从 2012 年的 5.4 万亿元增至 2021 年的 15.3 万亿元，增长 1.8 倍；占我国国内生产总值（GDP）的比重从 2012 年的 10.1% 增至 2021 年的 13.4%，提高了 3.3 个百分点；2021 年，国家高新区以全国 2.5% 的建设用地创造了 13.4% 的 GDP。近十年来，国家高新区内企业营业收入增长超过 2.9 倍，净利润增长超过 3.4 倍，营业收入超过 1000 亿元的国家高新区数量从 2012 年的 54 家增至 2021 年的 97 家。

12.1　国家高新区绿色低碳发展政策

2021 年科技部印发《国家高新区绿色发展专项行动实施方案》，指出在国家高新区内全面深入践行绿色发展理念、执行绿色政策法规标准、创新绿色发展机制，实现园区污染物排放和能耗大幅下降，绿色技术创新能力不断增强，绿色制造体系进一步完善，绿色产业不断壮大，自然生态和谐、环境友好和绿色低碳生活方式不断强化，可持续的绿色生态发展体系基本形成，培育一批具有全国乃至全球影响力的绿色发展示范园区和一批绿色技术领先企业，在国家高新区率先实现联合国 2030 年可持续发展议程、工业废水近零排放、碳达峰、园区绿色发展治理能力现代化等目标，部分高新区率先实现碳中和。到 2025 年，国家高新区单位工业增加值综合能耗降至 0.4 吨标准煤/万元以下，其中 50% 的国家高新区单位工业增加值综合能耗低于 0.3 吨标准煤/万元；单位工业增加值二氧化碳排放量年均削减率 4% 以上，部分高新区实现碳达峰。

《国家高新区绿色发展专项行动实施方案》的重点任务之一就是推动国家高新区节能减排，优化绿色生态环境。国家高新区作为创新驱动发展示范区和高质量发展先行区，其低碳绿色发展的重要任务与路径主要包括两个方面。一是推动国家高新区节能减排，优化绿色生态环境，降低园区污染物生产量，降低园区化石能源消耗，构建绿色发展新模式。二是引导国家高新区加强绿色技术供给，构建绿色技术创新体系，加强绿色技术研发攻关，构建绿色技术标准及服务体系，实施绿色制造试点示范。

国家高新区建设三十多年来，通过完善环境管理体系认证，创新环境保护和绿色发展政策，积极推动构建现代环境治理体系，生态环境质量改善取得积极成效，绿色发展理念不断深入，绿色发展成效日益突出，一批国家高新区已经成为所在城市能耗最低、生态最优、环境最美的区域。本章以贵阳国家高新区为例,探讨绿色低碳园区的建设经验与启示。

12.2 贵阳国家高新区低碳发展规划

贵州贵阳国家高新区(以下简称贵阳高新区)于 1992 年经国务院批准设立,总规划面积为 31.02 km²,是贵州省首批国家级高新区和唯一的人才特区(图 12-1)。园区先后获批"国家大数据引领产业集群创新发展示范工程""国家科技服务业区域试点"等十五个国家级试点示范。近年来,园区以"守底线、走新路、建设创新型中心城市"为总要求,始终坚守生态和发展"两条底线"。大力实施大数据引领、创新驱动、开放带动"三大战略"。着力补齐"创新短板",全力建成大数据"双创"引领区、大数据技术创新试验区、大数据中小微企业聚集区。大力发展以大数据产业为龙头,大健康产业和现代制造业为主体,现代服务业为支撑的创新型产业集群。参与国家低碳工业园区试点以来,2012—2016 年,园区工业总产值年均增长率为 21.3%。2012—2016 年,园区工业增加值能耗下降率累计下降 22.6%。

图 12-1 贵阳高新区

1.贵阳高新区低碳发展的战略与举措

贵阳高新区积极推进低碳发展战略，采取了多项举措，如科学规划、优化产业与能源结构及资源利用，增强环保意识，提升资金保障，打造高附加值产业及低碳重点工程，大力推进可再生能源利用等，推进了高新区的绿色低碳发展。

（1）坚持规划引领，科学谋划绿色发展

坚持"生态、循环、低碳"的理念，贯彻"减量化、再利用、资源化"的原则；积极促进资源节约与集约利用，践行绿色发展理念，发展高附加值、低污染、低能耗的绿色产业，打造自然与社会、生态与文化、智能与园林、科技与产业八位一体有机结合的生态园区，推动高新区健康可持续发展。

（2）践行低碳发展，转变工业产出方式

"十二五"以来，高新区高度关注生态环境建设，通过强化源头治理、实施清洁改造，推进节能减排等多项政策措施，引导园区降低能耗，减少污染物排放。加大对存量污染企业的疏解转移力度，引导水泥、铁合金、黄磷等领域的污染企业退出。在多项措施的共同推进下，"十二五"时期贵阳高新区的单位工业增加值能耗、水耗和排放等单项指标均较"十一五"末有明显下降，节能降耗效果明显。

（3）优化资源利用，提升综合竞争优势

通过引导企业应用节能新技术，增加节能降耗的投入，通过实施节能技术项目，逐年降低园区规模以上工业产值能耗。通过推进节能、节水、节地、节材，构建企业内部、企业之间的循环经济产业链，实现生产过程耦合和多联产，最大限度地降低园区的物耗、水耗和能耗，改变粗放的能源资源利用方式，切实提高园区的资源产出率，降低企业运行成本，对提高园区资源产出率、提升综合竞争力具有重要意义。

（4）提高准入门槛，优化园内工业结构

贯彻绿色园区发展规划，体现绿色发展理念，强化高新区产业和重点企业监测，制定产业结构调整计划，以高新技术产业为主攻方向，走新型工业化道路，通过低碳节能技术的应用，大力发展、重点引进和扶持低能耗、低污染、高附加值、高技术含量的低碳新兴产业和龙头企业，强化低碳技术引进与改造，优化产业结构。分析和优化各重点企业产品组合和能耗结构，不断降低能源消耗，提升高新区经济发展的效率和质量。2015年以来，园区内新、改、扩建项目的工业企业均按要求编制了节能评估报告书，通过专家和管理部门的审查，取得了节能评估审查意见，园区工业固定资产投资项目节能评估和审查比例为100%。

（5）优化能源结构，打造清洁能源体系

贵阳高新区强化与贵阳市低碳城市规划的核心理念资源协同，加快发展新能源，引导扩大输入电力、天然气消费，降低石化能源消费，改善能源结构，积极推广新能源开发应用。园区积极推进工业燃煤、燃油锅炉天然气改造，推动园区工业用天然气普及，开展燃气热电厂试点，加快工业天然气推广。原有的贵州久联民爆器材发展股份有限公司、华润雪花啤酒(贵州)有限公司、贵州贵航汽车零部件股份有限公司等重点耗煤企业已经脱离高新区。目前园区所有燃煤锅炉都进行了替代，并通过开展现有设备、工艺及系统的节能改造，在优化能源消费结构，提高清洁能源使用比重的同时进一步降低能耗。

（6）强化环保意识，加大生态文明投入

"十二五"期间，贵阳高新区不断加强环保工作。一是坚持"一把手"亲自抓、负总责，将环境保护要求落到实处。二是坚持加大投入，加强环保基础设施建设。三是加大污染治理力度，严控企业入园门槛。园区通过重点突破，切实解决突出环境问题，极大地改善了园区内的环境水平。

（7）加强资金保障，提升绿色产业规模

对重点企业在重大项目、技术研发、绿色发展的基础设施建设方面加大支持力度。积极引导和推动，逐步打造绿色发展投融资平台，整合企业、金融机构资源，细化相关产业，加强对园区内企业项目贷款的绿色指标考核与审批，以贷款等方式支持园区内低能耗、节能环保相关的项目和企业。

（8）大力培育园区的高附加值产业

贵阳高新区把大数据作为园区产业绿色低碳转型的重要抓手，已培育大数据及关联产业企业503家，其中，数据采集分析挖掘和可视化企业19家、数据采集传输存储分析企业11家、数据应用服务企业64家、关联企业400余家，形成了以电子元器件、视听产品、智能机电设备为主的电子信息制造业和以软件产品、数字内容、信息技术服务等为主的软件服务业。同时，园区建立了中航工业贵阳航空发动机产业基地，初步形成了以航空发动机研发生产、节能环保成套设备制造为核心的高端制造产业集群。

（9）着力打造产业低碳化重点工程

高新区重点打造一批掌握核心技术的企业，带动园区的绿色低碳发展。例如高新翼云绿色数据中心（图 12-2、图 12-3），拥有 1200 台服务器机架的大型云计算机中心，云计算资源利用率可达 80%，比传统的 IDC（互联网数据中心）高 5～7 倍。同时，可实现低能耗，低 PUE（PUE≤1.4），碳排放小于 53000 吨/年，年用水量控制在 12.4 万 m³。又如贵阳中电高新云计算中心节能改造项目，采用建筑热工节能设计、采暖通风和空调节能设计、室内环境节能设计；采用 LED 灯和 T5 高效荧光灯；选用节水设备；选用节能型服务器、节能型机房空调、节能型 UPS 等。该数据中心 PUE 值年降低 5% 以上，数据中心碳排放量下降 8% 以上。

图 12-2　高新翼云节能冷水机组

图 12-3　高新翼云能耗监控主机及配电柜

（10）大力推进可再生能源利用

贵阳高新区遵循"发展""减碳"并举的思路，加快发展新能源，引导扩大输入电力、天然气消费，探索利用地热、生物质能等可再生能源，实现能源消费结构的多样化，降低能源消费的碳排放水平。园区考虑气候、地质、资源及应用条件，以太阳能、浅层地热能建筑和清洁能源建筑应用为重点，因地制宜推广可再生能源建筑应用，在技术条件具备的情况下，园区新建项目和20000 m² 以上大型公共建筑将根据条件和使用需求选择应用一种以上的可再生能源系统，优先采用土壤源、水源热泵技术。例如园区建设的新型节能环保多功能热泵产业化建设项目(图 12-4)，将形成年产 2 万台多功能热泵生能力。

图 12-4　贵州汇通华城科技空调节能机组

2.贵阳高新区经验总结与启示

（1）建立低碳发展的组织保障

成立以贵阳高新区管委主要领导为组长的高新区低碳工业园区试点工作领导小组，通过聘请专家团队，建立高新区、规模以上企业、环保等政府部门的低碳工作联席会议制度。

（2）积极争取低碳发展的资金

对重点企业在重大项目、技术研发、低碳发展的基础设施建设方面加大支持力度，引导和推动低碳园区发展。仅 2015 年，共 5 个项目获得 450 万元上级资金支持，区级财政列支 275 万元用于支持节能低碳项目的建设。

（3）强化低碳重点项目建设

以工信部国家绿色数据中心为核心，通过打造"贵阳云计算中心产业园项目"，引领云计算中心、呼叫中心及相关产业低碳化的建设；以现代工业 4.0 示范基地为重点，全力推动中航工业贵阳航空发动机产业基地项目和中国振华电子集团新型电子元器件沙文产业园项目等的建设，实现工业领域数据流与硬、软件的智能交互，推动智能制造技术变革；以神奇药业生产研发基地项目、汉方药业中药现代化生产基地扩建项目为依托打造集绿色、健康、低碳、养生于一体、生产和服务共存的"大健康产业园项目"。

12.3 低碳园区发展建议

1. 研究制定园区碳达峰碳中和路线图

通过梳理工业园区能源消耗与能源结构及可再生能源使用情况等，摸清园区低碳发展现状，有的放矢地制定园区碳达峰碳中和目标。基于现状分析与未来发展方向的识别，研究制定面向未来的园区碳中和发展路径及实施策略。

2. 推动园区能效提升与低碳技术应用

通过产业结构调整、能效提升、能源结构优化、碳捕集推动我国工业园区可以在 2050 年实现碳减排 51%。具体来看，2015—2035 年期间，产业结构调整与能效提升（即单位工业增加值产出的能耗下降）的碳减排潜力尤为显著，提高非化石能源占比可带来可观的碳减排潜力。从时间跨度来看，产业结构优化、能效提升能源结构优化在 2035—2050 年期间的减排潜力将明显减小，远期的深度减排主要依靠持续推进工业生产活动中的系统优化、区域层面的产业布局优化来进一步实现总体碳减排目标，加快低碳生产设计，围绕工业生产的源头、过程和产品三个重点，把低碳发展理念和方法落实到企业生产全过程。建立低碳技术创新研发孵化和推广应用的公共服务综合平台，推动企业低碳技术的研发、应用和产业化发展。

3.着力提升园区碳管理能力

建立健全园区碳管理制度,编制碳排放清单,建设园区碳排放信息管理平台,强化从生产源头、生产过程到产品的生命周期碳排放管理。利用新一代云计算、物联网、大数据、决策分析优化等信息技术,加快搭建园区绿色智慧大脑、构建虚拟生态园区,实现能源使用的数字化、可视化,促进"线上+线下"资源配置效率最大化和能源使用最优化,科学支撑工业园区碳达峰决策,为后续全面深化工业园区温室气体减排工作提供基础和手段。加强低碳基础设施建设,制定园区发展规划完善空间布局,优化交通物流系统,对园区水、电、气等基础设施建设或改造实现低碳化、智能化。

4.以高新区、低碳工业园区和绿色园区为基础率先开展零碳园区示范

结合当前正在实施的国家生态工业示范园区、国家高新区绿色发展示范园区等项目,考虑选择一批评审发展基础好、产业体系优势足、低碳达峰意愿强、经济实力有保障的园区,发挥园区作为高新技术产业研发、示范的作用,构建绿色低碳技术体系和绿色产业体系开展零碳、碳达峰示范园区的建设。

参考文献

[1] https://www.miit.gov.cn/jgsj/jns/gzdt/art/2020/art_a578396e8a884891b2cfc18fa0ef1010.html

[2] https://www.most.gov.cn/zxgz/gxjscykfq/index.html

[3] 王灿,张九天.碳达峰碳中和——迈向新发展路径[M].北京:中共中央党校出版社,2021:209-238.

第 13 章

绿色建筑助力"双碳"发展——以新桂国际办公楼为例

　　一直以来，建筑都是能耗大户。资料显示，建筑在全生命周期内排放的温室气体约为全社会排放量的 50%。为推进建筑节能、降低建筑使用过程中的能源消耗、提高能源利用效率，我国创立了绿色建筑领域权威国际性学术会议——国际绿色建筑与建筑节能大会。同时，相继颁布实施《民用建筑节能条例》《绿色建筑标识管理办法》等法律法规。绿色建筑是指建筑全寿命周期内最大限度地节能、节地、节水、节材，保护环境和减少污染，为人们提供健康、适用和高效的使用空间，与自然和谐共生的建筑。"绿色建筑"技术的创新与推广不仅关系到"碳达峰碳中和"目标能否顺利实现，也会推动技术创新，带来经济发展新动能。本章以株洲新桂广场·新桂国际绿色建设设计、建造为例。

　　株洲新桂广场·新桂国际位于株洲市荷塘区新塘路与玫瑰路交会处东北角，由新桂都、新桂公馆、新桂国际和新桂未来组成，紧邻城际铁路云龙站，云龙大道始发站，离红旗广场仅五分钟。新桂国际主要由 1#栋办公楼和 2#栋住宅组成，设置二层地下车库，1#栋办公楼为二星级绿色建筑设计。地块规划用地面积 11541.19 m²，总建筑面积 54441.67 m²，地上建筑面积 40556.77 m²，地下建筑面积 13884.90 m²，建筑密度 21.11%，容积率 3.495，绿地率 35.42%，绿地面积 4088.31 m²，住宅总数 92 户，停车位 315 个，地下停车位 306 个。

　　1#栋办公楼为高层办公建筑，地上 26 层，建筑高度 99.75 m。建筑总建筑面积 29345.94 m²。地下 1~2 层为停车库及设备用房，人防工程设在住宅区负二层；1 层为办公入口大厅、办公层入口、银行营业厅、信访接待室、休闲室、消防控制室及配套用房；2 层为员工食堂、图书室和员工活动中心；3 层为 BIM

中心、视频信息中心、公司形象展示区、工艺展示中心和会议室；4 层为投标中心、会议室以及多功能厅；5~25 层为办公标准层，26 层为计算机中心和档案中心。图 13-1 为新桂国际鸟瞰图，图 13-2 为二星级绿色建筑设计标识。

图 13-1　新桂国际鸟瞰图　　　图 13-2　二星级绿色建筑设计标识

13.1　绿色建筑设计内容

1. 节地与室外环境 (场地选址、土地利用、室外环境、交通设施与公共服务、场地设计与场地生态)

项目结合株洲地区气候、资源和建设场地特点，通过对建筑的合理规划布局，积极利用有利气候、资源条件，控制场地污染源，设置雨水回收等方式，达到土地合理利用和节约的目的。依据《湖南省绿色建筑评价标准》(DBJ 43/T 357—2020)，项目通过自评估，节地与室外环境控制项全部达标，可选项达到二星级标准规定要求。

(1) 控制项

1) 选址规划。

新桂广场·新桂国际位于株洲市荷塘区新塘路与玫瑰路交会处东北角，项目场界南面 30~70 m 为新桂公馆 (在建)；东南面 200~400 m 处为玫瑰名城住宅小区 80~100 m 为两栋居民安置房；东侧 50~300 m 为株洲千金物流有限公司（11 栋仓库，7 栋 4~5 层配套住宅）；南侧 100~400 m 为金色荷塘小区（在建）；西南面为玫瑰路，170~420 m 为新塘坡村居民散户居住区（约 80 户），西侧为新塘路，100~400 m 为新桂广场·新桂都（在建，约 1491 户）；北面 30~160 m 为桂花村居民散户居住区（约 60 户）。区域内无历史文物遗址和风景名胜区等需要特别保护的文化遗产、自然遗产、自然景观。项目平面布置合理，符合城市发展规划、交通便利，且周边没有重大污染项目，区域环境较好，项目选址可行。

2）场地安全。

根据详细勘察阶段岩土工程勘察报告，场地位于株洲梅荷塘片区，场地原始地貌属于剥蚀构造低山地形地貌，第四系覆盖层厚度不大。拟建建筑场地未整平，地面高程 44.26~48.35 m，最大相对高差 4.09 m；拟建场地未见崩塌、滑坡、泥石流、岩溶、采空塌陷、地面裂缝与沉降等不良地质作用及地质灾害情况。场地抗震设防烈度为 6 度，设计基本地震加速度值为 0.05g，设计地震分组为第一组，建筑场地类别为 Ⅱ 类，特征周期为 0.35 s，场地内无可液化地层，为可进行工程建设的一般场地。项目周围无油库、煤气站、有毒物质车间等，不存在明火、爆炸、有毒物质，可确保建筑场地安全。根据项目土壤氡浓度检测报告，项目检测结果均小于 20000 Bq/m³，土壤土质满足建设要求。

3）场地污染源。

项目建成后主要污染源有废水、废气、固体废弃物、噪声。

①废水。

项目废水主要为生活废水。根据项目建设用水情况分析，项目建成后将产生生活污水经化粪池初步处理后外排至新塘路上的市政污水管道，流入白石港水质净化中心处理后排入湘江。经化粪池处理后的污水满足白石港水质净化中心进水水质要求。经白石港水质净化中心处理后污染物排放量更小，对湘江水质影响较小。

②废气。

项目废气主要来源于厨房油烟、汽车尾气及垃圾站恶臭。居民用能为管道天然气。项目区内厨房油烟产生的餐饮油烟经烟道统一高空排放。项目建成后，共有停车位 315 个，设地下停车位 306 个，停放车型多为家用型小车。地上停车位 9 个，地上停车位较少且较分散，启动时间较短，废气产生量小，对小区空气质量影响不大。地下车库采取机械通风措施，共设 7 处排气口，分散布置在项目绿化带，排气口避开人流密集区，对环境空气影响较小。设置地埋式垃圾收集站，设置除尘、除臭、隔声等环境保护设施，并设置消毒、杀虫、灭鼠等装置。

③固体废弃物。

项目产生的固体废弃物主要有生活垃圾。生活垃圾实行分类袋装、定时收集。项目在小区内相应的功能区、主要道路设立垃圾箱，在场地西南角设置地埋式垃圾收集站，并配备专人定时进行清理收集，再委托环卫部门统一清运至玫瑰名城附近的垃圾中转站进行无害化处理。垃圾收集站设置在绿化隔离带，对生活居民影响轻微。

④噪声。

项目噪声污染源主要为停车场噪声、地下风机房及水泵房运行噪声。出入口和地面临时停车场地周围加强绿化，且地面停车场较为分散，停车泊位较少，加强 22:00 后车辆出入的管理，减少对附近住户的影响。合理布置项目配套的动力设施，将变配电房、风机、水泵等设备均设置于地下层。选用高效、低噪通风、水泵设备，风机、水泵安装采取隔震垫、弹簧减震器等减震措施，进、出口安装柔性接头。冷却塔基础采用弹簧减震，VRV 空调室外主机设置橡胶减震。

4）日照分析

建筑布局与设计充分考虑国家、地方及行业标准要求，最大限度为建筑提供良好的日照条件，采用天正日照分析软件，满足日照控制要求。

5）乡土植物及复层绿化

项目景观绿化体现湖南地区的地方特色。绿化植物配置以湖南地区乡土植物为主，乡土植物比例参照《国家园林城市标准》规定，以确保城市整体生态环境的相关要求，乡土植物种类占总植物种类的 70% 以上，并采用乔、灌、草相结合的立体种植绿化，每 100 m² 绿地上乔木数大于 3 株、灌木数大于 10 株，立体或复层种植群落占绿地面积不小于 70%。

（2）评分项

1）土地利用。

项目容积率 $1.5 \leqslant (R = 3.495) < 3.5$；绿地率（$Rg = 35.42\%$）$\geqslant 35\%$；地下建筑

面积与总用地面积之比≥70%，且地下一层建筑面积与总用地面积的比率<70%。

2）光污染。

玻璃幕墙可见光反射比不大于0.2，且室外夜景照明光污染的限值符合现行行业标准《城市夜景照明设计规范》（JGJ/T 163—2008）的规定。

3）声环境。

所在区域声环境进行声环境现状监测，监测范围为项目选址及周边，布点原则根据噪声源和区域环境特征相结合的原则，共布设4个监测点，根据现场监测结果，环境质量现状符合《声环境质量标准》（GB 3096—2008）2/4a类标准，区域声环境质量良好。

4）风环境。

项目在现有布局基础上，通过风环境模拟分析，指导室外景观绿化的布置，各建筑物周围人行区域距地面1.5 m高处平均风速低于5 m/s，主要人行区域平均风速不小于0.5 m/s，形成了良好的室外风环境。

5）热岛强度。

红线范围内户外活动场地乔木、构筑物等遮阴措施的面积达到20%，且超过70%的道路路面、建筑屋面的太阳辐射反射系数不小于0.4。

6）公共交通。

场地周边有两条以上的公共交通站点（含公共汽车站和轨道交通站），且场地出入口到达公共汽车站的步行距离不大于500 m，到达轨道交通站的步行距离不大于800 m，并有便捷的人行通道联系公共交通站点。

7）无障碍设计。

场地内人行通道及场地内外联系均做无障碍设计。

8）停车位配置。

项目设置有地下停车库，并采用错时方式向社会开放，地面在合理位置设置有顶棚的非机动车停车设施。

9）公共服务设施。

项目兼具有办公、局部商业功能，外部广场为向公众开放空间，室外的活动场地可错时免费向周边居民开放。

10）场地雨水收集。

项目采用渗透式弃流井实现雨水的初期弃流，中后期径流雨水收集后，进入一体化污水处理间，经全自动过滤清洗器过滤和紫外线消毒后，由机房内水泵提升供给绿化、道路浇洒、地下车库冲洗、水景补水。

2. 节能与能源利用(建筑与围护结构、供暖通风与空调、照明与电气、能量综合利用)

项目在优先采用高性能围护结构等被动式节能技术的基础上,通过合理选用照明设备和节能控制系统,预期运营过程中将取得较大的节能效益。依据《湖南省绿色建筑评价标准》(DBJ 43/T 357—2020),项目通过自评估,节能与能源利用控制项全部达标,可选项达到二星级标准规定要求。

(1)控制项

1)高效围护结构。

项目整体呈南北向布局,便于自然通风和采光。建筑外墙采用 50 mm 厚玻璃棉板,平屋面采用 60 mm 厚难燃挤塑聚苯板,外窗采用断热铝合金低辐射中空玻璃(6+12A+6),外门采用节能外门,建筑及热工设计满足《湖南省公共建筑节能设计标准》(DBJ 43/003—2017)的要求。

2)空调系统设计。

①空调冷热源。

结合后期运营情况分区设置空调系统,选用相适应的空调冷热源。其中,建设单位自持部分为 1~4 层及 22~26 层,该区域空调冷热源采用水冷螺杆式冷水机组+燃气真空热水锅炉形式,选用 2 台冷水机组+2 台热水锅炉,夏季冷水机组制冷,冬季锅炉制热,单台冷水机组制冷量 1483 kW,单台锅炉制热量1160 kW,夏季供/回水温度为 7/12 ℃,冬季供/回水温度为 60/50 ℃。空调回水总管上安装能量计量装置并在燃气进管总管上安装燃气计量系统,便于能耗计量管理。空调冷热源机组及配套设备置于地下一层机房内,锅炉房设置泄爆口,冷却塔设置在裙楼屋面。

办公楼第 4 层、26 层分区设置独立空调系统,空调冷热源选用 VRV 变频多联机系统,空调室外主机分别置于裙楼屋面及主楼屋面。

②空调风系统。

办公室、包厢、会议室等小房间采用风机盘管加新风系统形式;新风经处理后均匀送至房间,新风支管均设风量调节阀;餐厅、多功能厅等大空间采用吊顶式空调机组,采用旋流风口下送风方式。

③空调水系统。

空调水系统采用闭式机械循环两管制系统。空调水系统共分为三个环路，办公楼1~4层为一个环路，5~12层为一个环路，13~25层为一个环路。每层空调供、回水主管道均采用同程式布置，竖井内垂直干管采用异程式布置，各层回水支管设置静态平衡阀进行水力平衡调节。立管最高点及各层冷水供回水干管末端均设置 DN20 自动排气阀，排除管路空气，有利于空调水系统循环。采用高位膨胀水箱进行定压补水，定压补水系统稳定可靠。

④空调设备布局。

空调主机设备及水泵等附属设备设置在地下室一层，冷却塔设置在裙楼屋面。冷却塔及 VRV 空调室外主机设备布置在裙楼屋面最西侧，离主楼间距超过 15 m，冷却塔及空调外机进排风通畅，也无外部含有热量、腐蚀性物质及油污微粒等排放气体的影响。

3)分项计量。

设置能耗监测及数据采集远传系统，对办公楼空调系统冷热源，输配电系统的电力、照明、空调末端、用气等进行独立的分项计量；按消防用水、冷却水补水、空调系统补水、底层餐饮厨房用水、淋浴、卫生间盥洗用水、室外杂用水等不同用途分项设置计量水表，且按付费或管理单元分别设置用水计量装置。

4)照明节能。

采用高效光源、高效灯具和配电子镇流器(功率因数不低于0.9)节能灯，合理设计灯具控制方式。地下车库及其走廊、门厅等公共场所的照明，采用分时段智能控制，并按建筑使用条件、自然采光状况采取分区、分组控制(如自然采光窗周边灯具)；楼梯间等公共场所的照明，采用节能自熄开关，节能自熄开关采用红外线移动探测加光控的开关。室外景观照明采取平日、节日等多模式智能控制方式。同时，建筑室内照明功率密度值按《建筑照明设计标准》(GB 50034—2013)规定的目标值进行设计，照度值、一般显色指数和统一眩光值按标准值进行设计。

(2)评分项

1)外窗可开启。

项目玻璃幕墙透明部分可开启面积比例达到10%。

2)单位风量耗功率及耗电输冷(热)比。

风机单位风量耗功率 $W_s = 0.25$ W/$(m^3 \cdot h)$，水泵耗电输冷比 ECR = 0.015518。

3)优化空调系统设计。

项目通过建筑能耗计算分析软件 PKPM-Energy 模拟分析,供暖、通风与空调系统能耗降低幅度达到 13.38%。

4)降低空调系统能耗措施。

①根据建筑功能分区,空调系统分区分系统设置;

②冷水机组 COP 为 5.95,燃气真空热水锅炉热效率为 92%;

③VRV 变频多联机系统制冷综合性能系数(IPLV)为 7.5。

5)照明与电气。

建筑物室内照度、统一眩光值、显色指数等设计标准严格按《建筑照明设计标准》(GB 50034—2013)标准值执行;照明采用高效光源、高效灯具和配电子镇流器(功率因数不低于 0.9)和节能灯为主;公共部位需设的人工照明,除应急照明外,均采用节能自熄开关,以及光电节能控制或分区分组智能控制方式。

6)可再生能源。

项目位于株洲市,参考长沙地区太阳能辐射量,长沙地区本地纬度倾角日均太阳能辐照量 11.061 MJ/($m^2 \cdot d$) = 11061 kJ/($m^2 \cdot d$),采用太阳能+空气源热泵形式供应办公楼二层食堂区域热水。根据屋顶可安装太阳能集热器范围,实际可安装太阳能集热器 60 m^2,占所需太阳能集热器的 100%,另选取空气源热泵机组共同为食堂提供生活热水。

3. 节水与水资源利用(水资源利用、节水系统、节水器具与设备、非传统水源利用)

项目在方案和规划设计阶段制定合理水资源利用和节水措施,充分收集、利用场地雨水用于室外绿化灌溉,通过植草砖等透水地面加强雨水入渗,控制雨水径流量,用水器具全部采用节水器具,且实行用水计量。

依据《湖南省绿色建筑评价标准》(DBJ 43/T 357—2020),项目通过自评估,节水与水资源利用控制项全部达标,可选项达到二星级标准规定要求。

(1)控制项

1)用水定额及用水量。

居民生活用水定额为 200 L/(人·天),餐饮用水定额为 30 L/(人·次),办公用水定额为 50 L/(人·天)。绿地浇洒用水定额:3—11 月为 2.0 L/($m^2 \cdot d$),扣除降雨天数 110 天,需浇灌天数为 165 天;1 月、2 月、12 月为 1.5 L/($m^2 \cdot d$),

需浇灌天数为 53 天。室外道路、广场浇洒用水定额选为 0.5 L/（m² · 次），年浇洒 30 次。景观补水按照蒸发量计算，年蒸发量为 754 mm。

居民生活用水量 64.40 m³/d，办公用水量 40 m³/d，餐饮用水量 27.0 m³/d，绿化及道路浇洒用水 7.15 m³/d，考虑 10% 不可预见用水量，项目总用水量 185.87 m³/d，其中非传统水源利用量为 22.05 m³/d，非传统水源利用率为 11.8%。

2）给排水系统设计。

①给水系统。

由市政管网引入 2 根 DN200 给水管并在建筑红线内管网，供用地内生活及室外消火栓用水。每根引入管均能满足全部生活和室外消防用水，市政水压为 0.25 MPa。给水分区控制：低区用水，2 层及以下，由市政自来水直接供水；中区用水，3~14 层，由低位贮水箱+变频加压水泵+减压阀联合供水；高区用水，5~26 层，由低位贮水箱+变频加压水泵+减压阀联合供水。

②排水系统。

项目室外雨污分流，室内污废合流。楼内污废水经化粪池处理后，排向市政雨污合流管道。地下层污废水设集水坑，经泵提升后排向室外。

③节水器具。

用水器具均采用节水型器具，用水器具及其给水配件均符合《节水型生活用水器具》（CJ/T 164—2014）标准，节水率不低于 10%。

（2）评分项

1）非传统水源利用。

项目采用雨水收集利用系统，收集部分屋面、绿地、道路的雨水供给项目绿化灌溉、道路广场的浇洒、地下车库的冲洗以及水景补水。非传统水源利用率为 11.8%。

2）用水分项计量。

项目按消防用水、冷却水补水、空调补水、底层餐饮厨房用水、淋浴、各层卫生间盥洗用水、室外杂用水等不同用途分项设置计量水表。

3）管网防漏损主要措施。

①管道敷设。

给水立管穿楼板时设套管。安装在楼板内的套管，其顶部高出装饰地面 20 mm。安装在卫生间的套管，其顶部高出装饰地面 50 mm，底部与楼板底面相平;特别注意卫生间的留洞根据所选洁具的型号进行留洞,之间缝隙用阻燃密实材料和防水油膏填实,端面光滑。排水管穿楼板预留孔洞,管道安装完后将孔洞严密捣实,立管周围设高出楼板面设计以保证留洞的准确。所有穿屋面、地下室外墙处均设刚性防水套管,穿钢筋混凝土水池(箱)池壁处设柔性防水套管。管道穿剪力墙和楼板时,根据图中所注管道标高、位置配合土建工种预留孔洞或预埋套管。

②管道连接。

塑料排水立管每层(层高≤4 m)设置一个伸缩节,横管每4 m 设置一个伸缩节,伸缩节应设置在汇合配件处。排水横管与横管的连接,不采用正三通和正四通,排水立管与横管、出户横管采用两个45°弯头或弯曲半径大于4倍管径的90°弯头连接。排水支管或立管接入横干管及管道变径处应采用管顶平接;排水立管轴线偏置处应采用乙字管或两个45°弯头连接。

③阀门。

生活给水管 DN≤50 采用截止阀,其他管径规格采用铜质闸阀;消防管采用弹性座封闸阀或硬密封蝶阀。

④管道保温、防腐。

在涂刷底漆前,清除表面的灰尘、污垢、锈斑、焊渣等物;涂刷油漆厚度均匀,无脱皮、起泡、流淌和漏涂现象。管道支架除锈后刷樟丹两道,灰色调和漆两道。

4)节水措施。

①卫生器具采用节水器具。

卫生器具均须采用节水型器具,符合《节水型生活用水器具》(CJ/T 164—2014)标准,节水率不低于10%。洗脸盆采用延时自闭或自动感应式水龙头,淋浴器采用带有冷热压力平衡控制的节水型配件。坐便器采用不大于6 L、小便分档节水型水箱、蹲便器、小便器采用脚踏式延时自闭冲洗阀。

②合理给水分区,减少管网水头损失,通过减压阀控制用水点压力不大于0.3 MPa。

③按付费或管理单元,分别设置用水计量装置。

5)景观用水补水。

采用雨水收集系统,雨水收集模块容积42.768 T,收集部分屋面雨水及地面雨水,可用于该小区内车辆冲洗和绿化、道路浇洒用水等,绿化灌溉采用喷灌、微灌等节水高效的灌溉方式。

6）雨水利用。

项目采用渗透式弃流井实现雨水的初期弃流，中后期径流雨水收集后，进入一体化污水处理间，经全自动过滤清洗器过滤和紫外线消毒后，由机房内水泵提升供给绿化、道路浇洒、地下车库冲洗、水景补水。雨水处理设施运行采用自动控制，特殊情况下同时采用手动控制。系统可对常用控制指标（水量、水位）实现现场监测。结合现场情况进行系统控制，确保系统出水水质。雨水回用系统的管网标注有"雨水"标识，并不与自来水管网直接连接，取水口设带锁装置，以防止误接、误用、误饮。

7）分项计量。

项目按消防用水、冷却水补水、空调补水、底层餐饮厨房用水、淋浴、各层卫生间盥洗用水、室外杂用水等不同用途分项设置计量水表。

8）绿化灌溉。

项目中采用绿化灌溉方式为微喷灌，绿地局部布设 D150 软式透水管，兼具渗透和排放两种功能，能增加雨水渗透量和减少灌溉量。

9）冷却水补水。

两台冷却塔设置平衡管方式，避免冷却水在系统停泵时溢出。

10）其他节水技术和措施。

采用了节水技术和措施的用水量占其他用水总用量的比例为 69.4%。

4. 节材与材料资源利用（装饰性构件、节材设计、材料选用）

项目在设计阶段，建筑造型简约，全部采用土建装修一体化设计、施工，减少后期装修材料浪费，同时建筑选材时优先考虑可再循环材料利用，达到高效节材的目的。

依据《湖南省绿色建筑评价标准》（DBJ 43/T 357—2020），项目通过自评估，节材与材料资源利用控制项全部达标，可选项达到二星级标准规定要求。

（1）控制项

1）建筑选材。

建筑选材合理，未采用国家和地方禁止和限制使用的建筑材料及制品。墙体材料采用烧结多孔砖。

2）高强度钢筋。

项目钢筋砼墙、柱、梁、板受力筋均采用 HRB400 级钢筋，梁柱箍筋也采用 HRB400 级钢筋，400 MPa 级及以上受力普通钢筋的用量达到钢筋总量的 85%。

3）装饰新构件。

项目整个造型设计强调现代简约，在顶部采用了遮挡楼梯和电梯机房的装饰性构件，且其造价严格控制在单栋建筑建安总造价的 5‰ 以内。

（2）评分项

1）建筑形体。

项目建筑平面不规则，其楼板局部不连续。

2）优化结构设计。

项目办公楼主楼，根据建筑平面布局及功能要求，结构利用楼梯间、电梯井道等构建中央核心筒，与外围框架柱形成框架核心筒结构，外围梁及核心筒区域梁采用框架明梁，外围框架与核心筒之间采用宽扁梁，有效降低梁高，楼盖采用密肋空心楼盖，密肋间采用轻质的 GBF 薄壁方箱作为填充体，减轻楼面荷载；楼盖底部平整，有效减少办公区域二次装修，在满足办公区净高的要求下，有效提高空间利用率。

3）土建与装修一体化。

项目办公楼公共区域全部采用土建和装修一体化设计施工，包括办公大堂、走道、电梯、卫生间等的天花、地板、给排水、电气等进行统一设计，并按图纸统一进行建筑构件上的孔洞预留和装修面层固定件的预埋，避免在装修施工阶段对已有建筑构件打凿、穿孔，既保证了结构的安全性，又减少了噪声和建筑垃圾。

4）减轻建筑自重。

项目楼盖采用密肋空心楼盖，密肋间采用轻质的 GBF 薄壁方箱作为填充体，有效减轻楼面荷载。

5）本地建材。

项目主要采用本地生产的建筑材料，主要为预拌混凝土、砂浆、钢材等比重较大的材料。保证施工现场 500 km 以内生产的建筑材料重量占建筑材料总重量的比例达到 90%。

6）预拌混凝土、砂浆。

项目采用现浇混凝土；建筑砂浆采用预拌砂浆。

7）高强度建筑结构材料。

办公楼主楼的竖向承重结构：-2～6层采用C60混凝土，7～9层采用C55混凝土，10～14层采用C50混凝土；竖向承重结构采用强度等级不小于C50的混凝土用量占竖向承重结构中混凝土总量的比例达到50%。

8）高耐久性建筑结构材料。

项目钢结构部分采用耐候型防腐涂料。

9）耐久性装饰材料。

项目建筑外立面主要采用石材和铝合金玻璃幕墙，属于耐久性好、易围护的外立面材料。

10）可持续装饰材料。

项目在大厅室内设计中采用了本地生产的可持续装饰材料。

5.室内环境质量（室内声环境、室内光环境与视野、室内热湿环境、室内空气质量、室内空间与设施）

项目通过室内功能合理布局创造良好的声环境及通风条件，采用建筑一体化的遮阳设计，对围护结构特别是热桥部位的防潮结露处理，通过采用灵活空调末端等技术，改善室内空气环境质量，达到健康、高效和舒适的室内空间效果。

依据《湖南省绿色建筑评价标准》（DBJ 43/T 357—2020），项目通过自评估，室内环境质量控制项全部达标，可选项达到二星级标准规定要求。

（1）控制项

1）室内背景噪声。

根据现场踏勘和对地块周边现状的了解及该地区的发展规划，建筑平面、空间布局合理，没有明显的噪声干扰。可能对建筑项目产生影响的外环境噪声源主要为道路交通噪声和设备噪声。根据项目噪声检测数据显示，办公楼室内背景噪声最不利房间应位于西侧靠近桂花路与新塘路交会处的办公楼5层。

综合考虑外墙、外窗的有效隔声量，并结合室内吸声的分析和室内噪声源的影响分析计算可知：最不利位置的办公楼5层多人办公室房间内噪声值在关窗状态下昼间最高为43.9 dB，满足标准要求室内允许噪声低于45 dB的要求。

2）建筑构件隔声性能。

通过对项目楼板、隔墙、外墙、外窗等计权隔声量及楼板的计权标准化撞击声压级进行分析。

①外墙采用花岗岩，玄武岩(30.0 mm)+水泥砂浆(15.0 mm)+黏土多孔砖(200.0 mm)+难燃型模塑聚苯板(30.0 mm)+水泥砂浆(20.0 mm)。外墙的空气声计权隔声量为 48.51 dB。

②外窗采用断热铝合金低辐射中空玻璃窗(6 透明+12 空气+6 透明)。外窗的空气声计权隔声量>30 dB。满足《绿色建筑评价标准》(GB/T 50378—2014)第 8.1.2 条控制项的要求。

③隔墙采用石灰水泥砂浆(15.0 mm)+烧结多孔黏土砖(200.0 mm)+水泥砂浆(20.0 mm)。隔墙的空气声计权隔声量为 48.23 dB。

④楼板采用水泥砂浆(20.0 mm)+钢筋混凝土(120.0 mm)+水泥砂浆(20.0 mm)。楼板的空气声计权隔声量>47.97 dB。

⑤门的空气声计权隔声量>30 dB。

⑥楼板的计权标准撞击声级<79 dB。

3)照明。

典型场所的照度及功率密度值如表 13-1 所示。

表 13-1 典型场所的照度及功率密度值

房间类型	照度/lx		统一眩光值 UGR		一般显色指数 R_a	
	设计值	标准值	设计值	标准值	设计值	标准值
高档办公用房、办公租户、弱电机房	520	500	10	19	95	80
办公大堂	205	200	—	—	90	80
普通办公室、会议室、消防控制室	328	300	10	19	95	80
公共走道	75	50	20	25	75	60
变配电室	220	200	—	—	90	80
电梯厅、卫生间	100	75	—	—	75	60
空调机房、风机房、库房	130	100	—	—	75	60
车库、楼梯间	70	50	—	—	75	60

4）防潮和结露

项目选用了高效围护结构做法，保证了在室内设计温湿度条件下，建筑围护结构内表面不产生结露现象。项目采取了良好隔热性能的围护结构做法，对建筑进行内表面最高温度值计算，在自然通风条件下，最不利房间的屋顶内表面最高温度为 36.13 ℃；东向外墙内表面最高温度为 36.45 ℃；西向外墙内表面最高温度为 36.11 ℃，小于夏季室外计算温度最高值 37.90 ℃，能够满足《民用建筑热工设计规范》(GB 50176—2016)的要求。

（2）评分项

1）室内隔声。

双层门的隔声量一般在 30~40 dB，采用多功能户门，隔声效果较好。空气声计权隔声量大于 30 dB，满足规范要求。

2）户外视野。

项目主要建筑功能为办公，除走廊、核心筒、卫生间、电梯间等特殊功能房间外的其他主要功能房间，均有外窗设计。且各楼栋之间也保持着一定的距离，18 m 范围内无遮挡，能够从主要功能房间看到室外自然环境，没有对构筑物或周边建筑物造成明显的视线干扰。

3）室内采光。

项目所在地为株洲，属于Ⅳ级光气候区。主要功能空间采光系数达标面积之比 $75\% \leqslant R_\mathrm{a} = 75.1\% < 81\%$。

4）室内天然采光效果。

项目室内采用浅色涂料，如乳胶漆白色墙面等；将灯具安装在不易产生眩光的位置；室内皆采用节能灯具，控制其统一眩光值，并采用合理的室内装修材料，并无镜面玻璃等装修材料出现。

项目有地下室，首层地下室面积为 6942.45 m²，其中采光达标的面积（平均采光系数≥0.5%）为 1582.88 m²，采光达标面积比例为 22.8%。

5）空调末端。

项目空调系统冷热源主要采用水冷螺杆式冷水机组+燃气真空热水锅炉形式，第 4、26 层局部分区独立设置 VRV 变频多联机系统。空调制冷、制热效果均稳定可靠，末端采用双层百叶侧送风或旋流风口下送风，气流组织顺畅，无吹风感，室内温湿度适宜。末端空调设备可根据各空调房间需求独立启停，并可以独立调节温度、风速。

6)室内通风。

项目所处城市的建筑气候分区为夏热冬冷地区。室内通风模拟显示,项目室内气流流畅,风速分布合理,换气次数远大于 2 次/h,且在最不利工况下,所选典型评价范围内,换气次数平均达标面积比例为 99.37%。

7)气流组织。

①办公室、包厢、会议室等小房间采用风机盘管加新风系统形式;新风经处理后均匀送至房间,新风支管设置风量调节阀;餐厅、多功能厅等大空间采用吊顶式空调机组,采用旋流风口下送风,气流组织均匀。

②卫生间设置独立机械排风装置,排风通过管道收集后排至屋面稀释,排风管道接至竖井前方设置导流装置。厨房烟气通过统一收集并处理后排至屋面。

8)一氧化碳浓度监测。

地下车库设置一氧化碳浓度检测传感器,与建筑设备监控系统连接。

9)建筑无障碍设施。

①建筑按《无障碍设计规范》(GB 50763—2012)规范进行无障碍设计。

②建筑入口、入口平台及门:入口均设置供轮椅通行的坡道,坡道宽度为1.5 m,坡度为 1:12,入口平台宽度为 2.3 m,入口采用平开门。

③公共通道:地面防滑,且室内平坦没有高差。

④楼梯:带休息平台的直线型楼梯,踏步有踢面和扶手。

⑤电梯:按规范设置无障碍电梯。

⑥1 层设置专用无障碍卫生间。

⑦地面停车位、人行道、公共绿地、儿童活动场:均设有配套面积和无障碍设施,专业评估阶段根据景观公司设计图纸提供具体设计材料。

6.提高与创新(性能提高、创新)

(1)雨水收集系统

对屋顶雨水和其他非渗透地表径流雨水进行入渗、收集、利用。雨水收集模块容积 42.768 t,收集部分屋面雨水及地面雨水,可用于该小区内车辆冲洗和绿化、道路浇洒用水等,绿化灌溉采用喷灌、微灌等节水高效的灌溉方式。

（2）太阳能+空气源热泵

根据项目的特点，采用用户侧并网发电方式，即太阳能系统所发电量通过集线箱、逆变器、并网柜等设备对负载供电。采用太阳能+空气源热泵形式供应办公楼2层食堂区域热水。

（3）BIM技术

项目在规划设计、施工建造阶段中运用BIM技术，建立以BIM应用为载体的项目管理信息化，加强建筑物建造全生命周期的管控，尤其是作为总承包单位从质量、安全、进度、创新等方面对全生命周期中的分包队伍进行管控，提升总承包项目的生产效率、提高整个建筑的质量、缩短施工工期、降低建造成本，建筑信息模型给总承包管理及建筑行业的管理带来全方位的革新。图13-3为BIM图，图13-4为BIM组织架构图。

图13-3　BIM

项目BIM工作站采用"固定站+流动站"的企业特色模式，由项目指挥部进行统一部署。项目BIM工作站由BIM总协调组负责统筹，下设土建组、机电组、商务组、视效组。其中，BIM总协调组（部分）、商务组、视效组为流动站，由公司BIM中心成员组成，主要负责项目BIM实施指导工作；BIM总协调组（部分）、土建组、机电组、装饰组为固定站，由项目部管理人员组成，主要负责项目BIM技术具体实施。

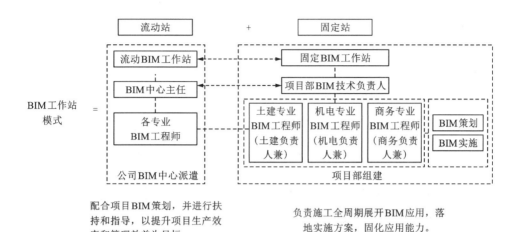

图 13-4　BIM 组织架构

13.2　项目实施节能效果

1. 建筑与围护结构

建筑节能应以保证生活和生产所必需的室内环境和使用功能为前提,遵循被动节能措施优先原则。

项目首先从建筑体型、外墙、外窗、屋顶等全方位设计,体型系数、窗墙比、外窗外墙屋顶传热系数等优先满足节能标准要求,同时结合天然采光、自然通风等有利条件,改善围护结构保温隔热性能。建筑外墙采用50 mm厚玻璃棉板,平屋面采用60 mm厚难燃挤塑聚苯板,外窗采用断热铝合金低辐射中空玻璃(6+12A+6),玻璃幕墙透明部分可开启面积比例≥10%。项目实施后,根据空调系统的能耗监测及室内空调热舒适性的反馈,建筑与维护结构带来的节能效果突出。建筑内、外围护结构如图13-5、图13-6所示。

2. 通风空调系统

项目在设计阶段,经技术经济比选确定空调系统冷热源、系统形式。项目设计以建筑能耗计算分析软件 PKPM-Energy 模拟分析空调系统冷热负荷。项目实施后实测通风空调系统能耗降低幅度约15%,接近设计节能指标。

其中，实测风机单位风量耗功率 $W_s = 0.25$ W/(m³·h)，冷水机组制冷机组 COP = 5.5，燃气真空热水锅炉热效率 90%，空调系统循环水泵耗电输冷比 ECR = 0.016，VRV 变频多联机系统制冷综合部分负荷性能系数(IPLV)为 7.0。办公室、包厢、会议室、贵宾室等主要功能房间末端采用风机盘管加新风形式，双层百叶侧送风；多功能厅采用吊顶式空调机组，旋流风口下送出风方式。根据设计回访调查反馈，空调房间气流组织均匀，温湿度适宜，无吹风感。贵宾室及多功能厅空调系统送风方式如图 13-7、图 13-8 所示。

图 13-5　项目外围护结构图

图 13-6　项目内部——门厅图

图 13-7　贵宾室——侧送风

图 13-8　多功能厅——下送风

3. 照明、电气系统

项目优先采用高性能围护结构等被动式节能技术，根据设计回访、使用单位反馈，照明、电气系统节能运行。

①照明系统采用高效光源、节能灯，优化灯具控制方式。地下车库及其走

廊、门厅等公共场所的照明，采用分时段智能控制，并按建筑使用条件、自然采光状况采取分区、分组控制(如自然采光窗周边灯具)；楼梯间等公共场所的照明，采用节能自熄开关，节能自熄开关采用红外线移动探测加光控的开关及光电节能控制或分区分组智能控制方式。室外景观照明采取平日、节日等多模式智能控制方式。

②能耗监测及数据采集远传系统正常运行，实现办公楼空调系统冷热源，输配电系统的电力、照明、空调末端、用气等进行独立的分项计量；消防用水、冷却水补水、空调系统补水、底层餐饮厨房用水、淋浴、卫生间盥洗用水、室外杂用水等不同用途均能分项计量。

4.可再生能源利用

项目因地制宜地选用了太阳能+空气源热泵系统为食堂提供热水，使用单位反馈食堂热水系统供应稳定。

项目屋顶实际可安装太阳能集热器范围约 60 m^2，同时采用空气源热泵机组一同为食堂提供生活热水。考虑到夏热冬冷地区的气候特征，夏秋季食堂区域生活热水主要由太阳能热水提供，春冬季主要通过空气源热泵系统提供。系统运行良好，相对纯电热水器，节能效果显著。

13.3　经验总结与启示

(1)落实绿色建筑标准，推动绿色建筑高品质发展

落实高标准绿色建筑标准，实现绿色建筑基本级普及推广。加强绿色建筑适宜技术研究和配套标准体系建设，规范绿色建筑评价标识管理。鼓励关键绿色技术的科技研发，普及先进绿色技术。同时，应完善绿色建筑事前、事中、事后评价认证体系，构建多方位监管机制，规范绿色建筑市场评估认证工作。充分利用现代互联网技术，促进公众多方位监管，提高开发商与第三方检测机构的寻租风险，从而增加开发商的寻租成本，政府在推广绿色建筑时应采取激励与惩罚并存的机制。构建奖惩公布平台，加大对处罚企业负面宣传力度。当前，《建筑碳排放计算标准》(GB/T 51336—2019)、《建筑节能与可再生能源利用通用规范》(GB 55015—2021)等相继出台，各地区建筑设计、建设过程中，

应结合当地建筑环境特点和实际需求，经技术经济比选适合本地区气候特点的绿色建筑设计方案，挖掘建筑节能水平，构建建筑全生命周期碳排放核算、核查监督管理机制，推动建设品质优良、性能突出、特色鲜明的高品质绿色建筑示范项目，增强人民的体验感、获得感和幸福感，让"绿色建筑"的理念深入人心。

（2）降低建筑自身用能与寻求可再生能源，促进绿色建筑节能技术发展

建筑节能应以保证生活和生产所必需的室内环境和使用功能为前提，而建筑节能的最终目标是降低化石能源消耗量。因此，在"双碳"背景下，建筑节能项目实施中不能以牺牲室内环境刻意去追求降低建筑能耗，绿色建筑应遵循降低建筑自身用能与寻求可再生能源为原则，促进绿色建筑节能技术发展。一方面通过节能设计降低建筑自身用能，并提高用能系统能效；另一方面寻求可再生能源替代化石能源。建筑节能应根据场地和气候条件，在满足建筑功能和美观要求的前提下，通过优化建筑外形和内部空间布局，充分利用天然采光以减少建筑人工照明需求，合理利用自然通风以消除建筑余热、余湿。在保证室内环境质量，满足人们对室内舒适度要求的前提下，优先考虑优化建筑围护结构的保温隔热能力，减少通过围护结构形成的建筑冷热负荷，降低建筑用能需求，继而考虑提高供暖、通风、空调和照明、电气、给水排水等系统的能源利用效率，进一步降低能耗；在此基础上，因地制宜地选择可再生能源，降低建筑化石能源消耗量。

（3）科学运用 BIM 技术，实现绿色建筑全寿命周期集成化管理

建筑信息建模（building information modeling，BIM）技术在建筑领域的应用日益广泛，利用建筑工程所提供的建筑、结构、设备、进度、成本等信息数据作为载体，在数字信息平台上模拟仿真，可再现项目从立项、可研、设计、施工及运营的全过程，实现绿色建筑的全寿命期集成化管理。

①构建 3D 可视化模型，全方位直观真实展示建筑、结构、设备等多专业融合下的建筑模型，有利于项目投资方、决策层等获得三维立体体验，同时在后期工程设计、建造、运营的建筑全寿命周期在可视化状态下进行沟通、讨论、完善。

②优化设计方案，不仅可以进行机电管线综合、碰撞检查、节能环保等分析，而且基于 BIM 自动算量功能，可使工程计量更加准确合理，无论是规则构件还是不规则构件，均可利用 3D 模型进行工程实体工程量计算，并通过技术

经济分析，优化设计方案。

③动态模拟设计、施工、运营，构建 4D、5D 建筑模型，在 3D 建筑模型的基础上加载施工进度形成 4D 模型，即可获得任意时间段的工程量及成本数据，以便合理安排人、材、机资源计划，继续加载成本费用数据，形成 5D 模型，实现工程造价全寿命周期过程的模拟计算。

第 14 章

"双碳"背景下的节能诊断研究
——以某热电企业为例

习近平主席在气候雄心峰会上指出:"要大力倡导绿色低碳的生产生活方式,从绿色发展中寻找发展的机遇和动力。"我国工业能源消费量占全国能源消费总量超过65%,工业是我国节能降碳的主战场,也是支撑我国经济社会全面绿色低碳转型的关键。随着"双碳"目标的提出,国家对企业节能降耗的要求不断提高,企业进一步节能降碳、提质增效的需求日益迫切。

节能诊断是以降低能源消耗、提高能源利用率为核心的技术服务,对助力"双碳"目标实现有重要作用。工业节能诊断是基于对企业工艺流程、装备配置、原燃料参数、工序消耗、操作水平、产品、行业先进指标、节能技术等涉及能源技术全面掌握,针对企业能源利用情况,开展的以降低能源消耗、提高能源利用率为核心的技术服务。企业节能诊断可全面提升企业能效和节能管理水平。电力行业是实现"双碳"目标的一个重要领域,电力行业的节能减排对实现"双碳"目标至关重要。为达"双碳"目标,对电力相关企业开展节能诊断势在必行。本案例以某热电企业为例开展节能诊断研究,对企业生产工艺全流程进行了能耗分析与碳排放核算,得出了企业单位产值综合能耗、排放等数据,并为企业进一步节能减排挖潜提供了可行建议。

14.1　诊断内容

1.诊断对象

在众多工业中，热电企业既是能源消耗企业，也是一、二次能源生产企业。某热电企业是一家专为造纸工业园基地造纸企业集中供热、供水和造纸废水处理及镇居民生活污水处理提供配套服务的企业，其建设有规模为 2×90 t/h 循环流化床锅炉和 27 MW 汽轮发电机组，设计年供电量 1.7 亿 W，年均供热量 120 万 t。企业主要产品为蒸汽及电等，2019 年、2020 年、2021 年企业蒸汽产量分别为 631389 t、526774 t、380828 t，上网电量分别为 4739 万 kW·h、3526.5 万 kW·h、2505.1 kW·h，产值分别为 13061.5 万元、11271.8 万元、8088 万元。

2.诊断边界与范围

诊断边界为某园区热电企业，不包含其他分支机构。诊断范围包含企业的工序能耗及主要用能设备能耗，包括生产系统、辅助生产系统及附属生产系统等的主要用能系统及设备用能情况。能源诊断包含热力和电力。该企业碳排放量核算：根据《中国发电企业温室气体排放核算方法与报告指南（试行）》，发电企业的温室气体核算和报告范围包括化石燃料燃烧产生的二氧化碳排放、脱硫过程的二氧化碳排放、企业净购入使用电力产生的二氧化碳排放。企业厂界内生活耗能导致的排放原则上不在核算范围内。诊断统计期为 2021 年，对比期为 2019 年、2020 年。

3.诊断内容

诊断内容主要为该热电企业生产工艺流程用能情况、能源流向、能源计量及统计、能源消费结构、用能设备运行效率、产品综合能耗及实物能耗、能源管理情况、能源成本、节能技改项目、节能量等。

14.2 能耗诊断

1. 生产工艺流程

该企业生产工艺流程为燃煤在锅炉燃烧,将除盐水加热成合格蒸汽,经汽轮发电机发电后供园区企业造纸用蒸汽,多余发电量向国家电网供电,具体流程如图 14-1 所示。

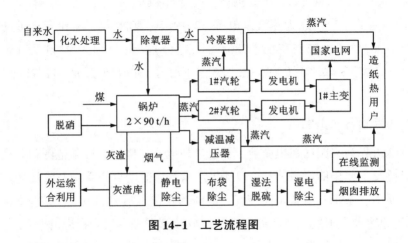

图 14-1 工艺流程图

2. 主要用能设备

通过对企业生产工艺进行全流程分析,企业全年工作时间约 365 天,每天 24 h,功率因数都在 0.9 以上。企业主要耗能设备集于输煤系统、锅炉车间及厂区生活办公设备,共 2 台变压器,其中 1 台上网主变、1 台厂用变。燃煤供应蒸汽锅炉,由外购托运至厂区内。主要耗能为:①输煤系统,电子称重式给煤机消耗的电能。②锅炉车间,水泵、电机、风机等消耗的电能。③生活办公,生活、办公区独立设置在厂内,主要消耗少量电能。企业余热利用方式主要包括:烟气余热回收、为用户供热后的乏汽回收。主要用能设备情况如表 14-1 所示。

表 14-1　主要耗能设备一览表

序号	设备名称	单位/台	位置
1	引风机	2	1#、2#锅炉烟道出口
2	一次风机	2	1#、2#锅炉零米
3	二次风机	2	1#、2#锅炉零米
4	新增二次风机	1	1#锅炉零米
5	给水泵	3	汽机房
6	循环水泵	3	循环水泵房
7	浆液循环泵	2	1#、2#吸收塔 C 泵
8	空压机	3	空压机房
9	浆液循环泵	2	1#、2#吸收塔 D 泵

3. 企业能源消费概况

企业主要用能为燃煤、电力和柴油。燃煤用于供热与火力发电，电力消耗用于全厂生产用电力驱动设备、辅助生产设施及办公照明灯，柴油用于辅燃等。主要耗能设备有引风机、一次风机、二次风机、给水泵、循环水泵、浆液循环泵、空压机等。企业近三年能耗统计如表 14-2 所示。

表 14-2　企业近 3 年能源消耗统计表

年份	能源类型	单位	消耗量	折标/tce	合计/tce
2019	燃煤	t	151986.6	92863.8	92942.3
	电力	万 kW·h	22.6	27.8	
	柴油	t	34.8	50.7	
2020	燃煤	tce	120336.8	75691.8	75765.5
	电力	万 kW·h	40.3	49.5	
	柴油	t	16.6	24.2	
2021	燃煤	tce	86321.2	56022.5	56107.8
	电力	万 kW·h	45.1	55.4	
	柴油	t	20.5	29.9	

14.3 诊断分析

对企业节能诊断从以下四个方面进行,并以图表的形式汇总能量利用、能源效率及能源管理三部分诊断的信息及数据结果。一是能源利用诊断方面,主要包括梳理企业能源消费构成及消费量、产出量,分析能源损失及余热余能回收利用情况,计算企业综合能耗,分析企业能量平衡关系。二是能源效率诊断方面,主要包括计算企业主要工序能耗及单位产品综合能耗,评估主要用能设备能效水平和实际运行情况,介绍重点先进节能技术应用情况。三是能源管理诊断方面,主要说明企业能源管理组织构建和责任划分、能源计量器具配备与管理、能源管理制度建立及执行、能源管理中心建设和信息化运行、节能宣传教育活动开展等情况。四是根据企业所提供的能源消耗数据,结合对生产工艺过程的分析,以及《中国发电企业温室气体排放核算方法与报告指南(试行)》,重点核算企业产生的碳排放量。

1. 能源流向分析

企业以煤和柴油为燃料,燃料在锅炉里燃烧,把化学能转化为热能。燃煤在锅炉燃烧,将除盐水加热成合格蒸汽,经汽轮发电机发电后供园区企业造纸用蒸汽,多余发电量向国家电网供电。2021 年企业燃煤消耗量为 86321.2 t,折合 56022.5 tce(其中供热消耗 45983.3 tce,供电消耗 10039.2 tce),厂用电量为 45.1 万 kW·h,柴油消耗量为 20.5 t。企业综合能耗为 56107.8 tce。燃煤供应热电联产用蒸汽锅炉,由外购托运至厂区内。2021 年企业发电 2505.1 万 kW·h,对园区企业供热 1161525.4 GJ。企业 2021 年能源流向具体如图 14-2 所示。

2. 能源利用诊断

基于已核定的企业能源消费构成及消费量、能源损失和余热余能回收利用量,根据企业提供的分品种能源折标准煤系数、能源热值测试报告等资料,按照《综合能耗计算通则》(GB/T 2589—2020)等标准规范,核算企业的综合能耗和综合能源消费量。核算得知企业 2019 年、2020 年、2021 年供热单位能耗分别为 39.92 kgce/GJ、38.55 kgce/GJ、39.59 kgce/GJ,发电单位能耗分别为 295.97 gce/(kW·h)、238.91 gce/(kW·h)、245.93gce/(kW·h),单位产值

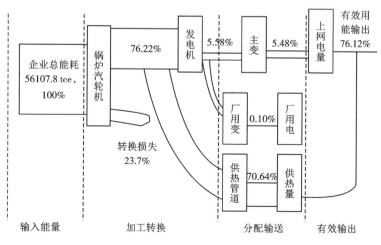

图 14-2 企业能源流向图

综合能耗分别为 7.11 tce/万元、6.72 tce/万元、6.92 tce/万元。根据《热电联产单位产品能源消耗限额》(GB 35574—2017),企业能耗限额等级超过 1 级标准,处于先进水平。由以上各年数据可知,2021 年、2020 年该热电企业发电单位能耗较 2019 年有了大幅下降,但供热单位能耗及单位产值综合能耗相较 2019 年变化不大。其中 2021 年相对于 2020 年,单位产值能耗、发电单位能耗、供热单位能耗均有所增加,主要原因是企业产能利用不足,产品销售形势较为严峻,这也导致企业产值降低显著。

3. 碳排放核算

碳排放包括燃煤、燃油燃烧排放、脱硫过程的二氧化碳排放、企业净购入使用电力产生的二氧化碳排放(因企业用电为自发自用,可不计该排放)。其中燃煤燃烧排放核算中,该企业燃煤为一般烟煤,低位发热量为 19 GJ/t,单位热值含碳量为 26.33×10^{-3} tC/GJ。碳氧化率采用《中国发电企业温室气体排放核算方法与报告指南(试行)》中燃煤缺省值 98%;脱硫用石灰石($CaCO_3$)排放因子缺省值为 0.440 tCO_2/t;柴油排放因子采用 IPCC 中缺省值 3.179 tCO_2/t。经计算可知企业 2021 年度碳排放总量为 155961 t,单位产值排放为 17.72 tCO_2/万元。

4.诊断结论与应用

①加强能源管理。建议企业完善能源计量器具配备，电能三级计量器具配备率达到《用能单位能源计量器具配备和管理通则》(GB 17167—2006)要求；健全能源考核评价机制，给出各工序能耗定额管理指标，按相关程序文件运行能源管理体系，落实奖罚机制。

②做好供热管网热损防护。根据园区情况，确定合理的供热半径。注意供热管网热损失，当管路长、保温差时热损失大。同时管网的压力损失还会影响发电部分的节能效果。

14.4 节能诊断结论

①节能诊断可得知企业能源消费构成及消费量、能源产出，进而核算企业综合能源消费量，查找能源利用薄弱环节和突出问题。

②结合主要工序能耗及单位产品综合能耗，评估主要用能设备能效水平和实际运行情况，分析高效节能装备和先进节能技术推广应用潜力。

③检查能源管理岗位设置、能源计量器具配备、能源统计制度建立及执行等能源管理措施落实情况，进一步发掘企业节能潜力，促进实施节能改造，实现企业降本增效和科学合理的持续推动节能与绿色发展，进而提升企业的市场竞争力。

④通过开展企业碳排放核算，可为园区、政府在"双碳"背景下产业发展规划决策提供具体依据。

参考文献

[1]中国电子报.以"双碳"目标为引领全面推动工业绿色发展[EB/OL].(2022-02-25)
 [2022-02-25].http：//www.ce.cn/cysc/newmain/yc/jsxw/202202/25/t20220225_
 37357651.shtml

[2]周沛婕、潘翔龙、李娟，等.基于"双碳"背景下的电力行业节能减排分析[J].能源与节能，2023(1)：63-65.